飞向太空丛书

# 神舟问天
# 神舟家族史及
# 未来展望

本丛书编委会◎编

孟劲松　孟庆明◎编著

U0723594

世界图书出版公司

广州·北京·上海·西安

FEIXIANG TAIKONG CONGSHU

**图书在版编目（CIP）数据**

神舟问天：神舟家族史及未来展望/《飞向太空丛书》
编委会编．—广州：广东世界图书出版公司，2009.4（2024.2 重印）
（飞向太空丛书）
ISBN 978 - 7 - 5100 - 0582 - 4

Ⅰ．神…　Ⅱ．飞…　Ⅲ．载人航天飞行—中国—青少年读
物　Ⅳ. V529 - 49

中国版本图书馆 CIP 数据核字（2009）第 056485 号

| | |
|---|---|
| 书　　　名 | 神舟问天：神舟家族史及未来展望 |
| | SHENZHOU WENTIAN SHENZHOU JIAZUSHI JI WEILAI ZHANWANG |
| 编　　　者 | 《飞向太空丛书》编写组 |
| 责任编辑 | 陶　莎 |
| 装帧设计 | 三棵树设计工作组 |
| 出版发行 | 世界图书出版有限公司　世界图书出版广东有限公司 |
| 地　　　址 | 广州市海珠区新港西路大江冲 25 号 |
| 邮　　　编 | 510300 |
| 电　　　话 | 020-84452179 |
| 网　　　址 | http://www.gdst.com.cn |
| 邮　　　箱 | wpc_gdst@163.com |
| 经　　　销 | 新华书店 |
| 印　　　刷 | 唐山富达印务有限公司 |
| 开　　　本 | 787mm × 1092mm　1/16 |
| 印　　　张 | 13 |
| 字　　　数 | 160 千字 |
| 版　　　次 | 2009 年 4 月第 1 版　2024 年 2 月第 8 次印刷 |
| 国际书号 | ISBN　978-7-5100-0582-4 |
| 定　　　价 | 49.80 元 |

# 光辉书房新知文库
# "飞向太空"丛书编委会

**主　编：**

宏　峰　中国航天员中心副主任、载人航天工程航天员系统副总指挥

麻永平　中国航天北京飞行控制中心副主任、载人航天工程测控通讯
　　　　系统副总指挥

**副主编：**

臧克茂　中国工程院院士、教授

梁永生　解放军装甲兵工程学院院长、教授

**编　委：**

李春生　中国航天北京跟踪与通信技术研究所副所长

术雷鸣　中国航天北京跟踪与通信技术研究所高级工程师

冉隆燧　中国载人航天办公室研究员

姚　磊　中国空气动力研究与发展中心超高速动力研究所高级工程师

孟庆明　北京航空航天大学教授、博士生导师

刘德刚　解放军装甲兵工程学院科研部部长

马晓军　解放军装甲兵工程学院科技委主任、教授、博士生导师

胡文东　第四军医大学航天医学教授、博士生导师

刘亚春　四川省北川县北川中学校长、高级教师

**执行编委：**

于　始　资深编辑

# "光辉书房新知文库"

## 总策划/总主编:石　恢

## 副总主编:王利群　方　圆

**本书作者**

孟劲松　中国航天员科研训练中心副研究员

孟庆明　北京航空航天大学教授

# 插上科学的翅膀,明天太空见

杨利伟

　　一直以来,人类就梦想着更加自由地飞翔,也渴望着更加近距离地去探索太空的秘密。随着我国"神舟"系列飞船的陆续升空,以及新一轮登月竞赛在各国间的迅速展开,全球的目光再一次被吸引到辽阔的天空以及更加浩瀚的星际空间。那些关于飞翔的梦想也更深入地植根于青少年朋友的心灵之中。

　　航空航天集中体现了一个国家的科学技术、工业、经济、国防等综合实力的水平,航空航天文化渗透于经济、文化、教育旅游、娱乐和体育等各个领域。而航空航天科普更是科普教育的一个重要组成部分,广大公众特别是青少年朋友对航空航天科技知识的了解,将直接影响到航空航天事业未来的发展。早在 1998 年召开的全国首届航空航天科普教育研讨会上,就有学者指出:"要发展我们的航空航天事业,也需要从娃娃抓起。"对广大青少年进行航空航天科普教育,是我国经济发展和现代国防建设的客观需要。

　　当站立在月球之上的美国宇航员阿姆斯特朗说:"我现在迈出的是一小步,但在人类历史上却是一大步!"时,我们都知道,即使那"一小步"中,也包含了无数的知识积累、无数的理论探索、无数的发明创造、无数的试验模拟,以及无数的失败。那之中凝结了多少代人的梦想与激动，也就凝结了多少代人的智慧与汗水。在我们的国家航天员训练中心，训练时航天员因为要承受非常大的加速度，面部都会变形，眼泪也会止不住地流下来，鼻子堵塞，十分痛苦。航天员若实在承受不了，只要按一下手边的报警器，工作人员就会把训练器械停下来，但多年来，从没有一个人按过那个报警器。这不过是航天员系统中航天员训练的一个小小细节。而整个载人航天工程是规模宏大的现代化系统工程，除了航天员系统外，还包括空间运用、载人飞船、运载火箭、发射场、测控通信、着陆场等6大系统，涉及航空、船舶、兵器、机械、电子等诸多领域，参与的人员更是数以万计。从1999年到2009年，每一年都是科学攻关年；从"神一"到"神七"，每一次发射都是新的突破。正是这么多人这么多年的精诚合作，才保证载人航天工程的顺利进行。正如俄罗斯科学家齐奥尔科夫斯基所说，"地球是人类的摇篮，但是人类不会永远生活在摇篮里。"这句话不仅鼓舞了一代又一代的航天工作者，还将激励着今天和以后的年轻朋友们。采取多种形式开展航空航天科普活动，寓教育于娱乐之中，不仅仅给予青少年朋友航空航天科普知识教育，而且还能发挥理想教育、爱国主义教育、智力启发教育和手脑并用教育的作用。今天，年轻朋友们除了怀有比先辈更多的好奇与梦想之外，还应该插上科学的翅膀，拥有更为广阔的视野和更为扎实的知识储备。如果你们在探索精神和勇敢精神方面同样不输于先辈，那么我真诚地欢迎你们，欢迎你们加入英雄的航天人团队，让我们相约——明天太空见！

# 目 录

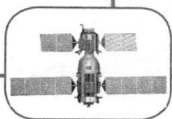

# 引 言

人类从诞生以来，一直都有一个梦想，梦想着能够像鸟儿一样飞翔，梦想着冲出地球，去探索宇宙的奥秘。不论东方还是西方，都有着向往飞行的美丽传说。中华民族的飞天梦想更是由来已久，从嫦娥奔月到万户升天，留下了中国人不懈追寻的足迹。直到"神舟"飞船一飞冲天，中华民族的千年梦想终于成真。

天空的深邃和悠远，带给人们无尽的想象，于是才有了那么多动人的故事和传说，于是就有了天上的神仙，有了令人神往的飞天神女，也就是敦煌壁画中在佛前抛洒鲜花、演奏音乐的飞天形象。

飞天

飞天，是我国历代文人墨客吟咏的文学主题之一，对天空的向往和探求，流淌在他们作品的字里行间。

嫦娥是后羿的妻子。相传后羿从西王母处请来不死之药，嫦娥偷吃了这颗灵药，身不由己飘飘然地飞往月亮。这个"嫦娥奔月"的古老神话传说流传了几千年，表达了我们人类对月球充满了向往和好奇。

明朝初年，有一位名叫万户的人，曾让人将火箭和自己一起绑在椅子上，两手各拿一只大风筝，试图借助火箭的推力和风筝的升力飞行。虽然以失败告终，但他可称得上是人类第一个用火箭作动力飞行的人。"万户飞天"的勇敢尝试，揭开了人类征服太空的序幕。

嫦娥奔月

"欲上九天揽月"是炎黄子孙不懈追求的梦想。这个千年梦想引领一代又一代中国人迈开征服太空的脚步。我们的祖先不仅发明了火药，也发明了古代的火箭。尽管经历了一次又一次的失败，但探索宇宙奥秘的壮举前赴后继。

哥伦布发现美洲新大陆，以及麦哲伦对地圆说的证实，使我们对自己所生活的这个星球有了更进一步的了解。自此，人类的足迹开始遍布地球上的每一个角落。随着科技的发展，尤其是近代科学技术的进步，促进了人类对世界及自身的探索。人类的生活空间已不仅仅局限于自己脚下的这一方土地。宇宙的未知领域无时无刻不在诱惑着一代又一代的人们。进入 20 世纪，人类终于通过自己的努力第一次飞出了地球的摇篮，揭开了探索太空的帷幕。

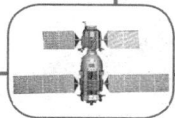

# 第一章 "神舟"飞船的诞生
## ——飞天梦想

## 人类对太空的幻想

正如对蓝色海洋的崇拜，人类从具有思维的那一天起，就对蔚蓝天空怀有无限的遐想。人类渴望着有一天可以翱翔天空。这种对飞行的渴望演绎出一个个美妙动人的传说，也激励着后代科学家为了实现飞天梦想而努力。

随着天文学的发展，相继出现的太空幻想小说体现了人类对太空飞行进一步的思考。通过哥白尼、第谷·布拉赫、开普勒和伽利略等科学家的不懈努力，确立了近代日心说的天文学体系。这使人们意识到，地球仅仅是浩瀚宇宙中一颗普通的行星。人类开始借助于自己的想象以及所生活的这个星球上的知识来设想宇宙中其他的星球。地球以外的星球是什么样的？上面是否有生命的存在？这些问题都推动着人类不断地发生幻想。

德国天文学家约翰内斯·开普勒在1634年出版的《梦想》中，第一次对月球的旅行展开了幻想。稍晚出版的由英国主教、历史学家歌德温所作的《月中人》以及英国人威尔金斯所作的《月球世界上的

发现》，也对月球的情景进行了幻想和推测。

这一时期由法国人切拉诺·德·贝尔热拉出版的《月球之旅》是17世纪太空幻想小说中的典范。在书中，作者用近于科学的态度讨论了太空旅行中的各种飞行方法，尤其提到了用焰火爆竹作为推进动力，其原理正是后来的航天飞行中所用的反作用推进方式。

进入19世纪，一系列科学的重大发现与发展，如生命体与非生命体物质元素相同、太阳系非唯一性、进化论、元素周期律的提出，逐步揭示了地球生命的非唯一性以及太阳系的平凡性。伴随着科学发现和科学技术地位的日益提高，太空幻想作品进入了黄金时代。

法国人儒勒·凡尔纳的《从地球到月球》是近现代太空科学幻想小说的代表作。在这本书的写作过程中，凡尔纳通过科学的推理，结合大量的数学、物理学和天文学知识，对小说中的宇宙飞船和发射装置进行了大胆的设想。书中对航天活动中许多基本状况的预言，都同航天科发展有着惊人的吻合，如火箭发射场、飞船密封舱、失重、火箭变轨道飞行、制动火箭、海上降落等。

儒勒·凡尔纳

德国科技原来的家库尔德·拉斯维茨的科幻小说《两个行星上》描写了有关火星人的故事。与《从地球到月球》同样杰出的是，这部作品对光电感应器、光电池、轨道站、反作用发动机、变轨控制的设想和描述都具有很强的科学性。

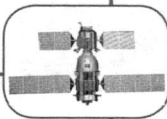

从这些作品中可以看到，这个时期的太空科学幻想小说中，科学性上升到了非常重要的地位。正是由于这个原因，他们的作品与当时的科学探索发现是紧密联系的，既不同程度地受到不断出现的新技术新发现的影响，又对航天科学的发展起到了相当大的影响。

后来的许多火箭专家和航天先驱者都受到了这些作品的启发和激励，俄国航天先驱齐奥尔科夫斯基，美国航天先驱戈达德，德国火箭专家冯·布劳恩等都曾在早期受到过这些作品的影响。德国航天先驱奥伯特和法利尔还曾对儒勒·凡尔纳在《从地球到月球》中设计的火炮及用这种装置发射飞船的可能性，进行过认真的研究。

齐奥尔科夫斯基

对太空的幻想激励着人类不断地对太空进行探索，去实现翱翔太空的梦想。在对太空的无限遐想中，人类逐步建立起太空飞行的思想和观念，这就为航天梦想的实现奠定了思想基础。因此，当新的时代来临时，在这种原始动力的推动下，真正的航天理论和实践得以迅速发展。

伴随着戈达德博士的液体火箭的升空，人类揭开了航天时代的序幕。

20世纪20～30年代，在航天先驱的影响和激励下，欧美许多国家自发成立了有关火箭研究和太空飞行的研究协会及相关组织。这些

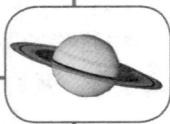

火箭协会和研究组织在成立初期，基本上都没有得到官方的资助和支持，但他们在极端困难的条件下，进行了大量的火箭研制和航天理论的研究工作，为液体火箭的发展做出了很大贡献。从航天学基本理论建立，到二战中德国达到液体火箭技术高峰这一段时间内，这些组织起到了重要的承上启下的作用。

1927 年，一批热情的支持者成立了星际航行协会。协会在德国布雷斯劳的一家啤酒店里召开了具有历史意义的第一次会议。会议的宗旨是要开展震惊世界的火箭研制工作，而协会本身则成了培养打开宇宙大门的人才的基地。协会中人才济济，第一任会长是谦虚诚恳的温克勒，还有克里斯·里迪尔。年轻的天才冯·布劳恩在他 18 岁的时候也加入了该协会。

星际航行协会的成员们在设备十分简陋的情况下开始了他们的火箭研究工作。早期的试验很粗糙，也带有一定的危险性。冯·布劳恩曾对他们早期的一次发射有所描述："里迪尔担当了这个颇有危险的任务，即把泡在水桶中的小喷管点燃。在火箭的冲力达不到的地方设置了一个挡板，里迪尔需要把一块浸过汽油点燃后的布片扔到喷着气体的锥形喷管上去。接着，在发动机发出震耳的怒吼声前就迅速隐蔽在挡板之后。这需要相当的敏捷，但是对于里迪尔这样一位超过 196磅的大个子来说，他当时表现出的敏捷简直是奇迹。"

火箭发射成功也是一个奇迹。1930 年 8 月，奥伯特成功运转了他的锥形喷管发动机。此后，协会致力于建造一枚最小型火箭，它被称为"米拉克"。"米拉克"并没有引起人们更多的注意，协会会员于是

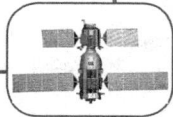

设计了一系列"推力器式"火箭。1931 年 5 月，推力器式火箭试飞成功。火箭升高 61 米，飞行距离为 610 米。

尽管获得了这些成功，但星际航行协会的火箭飞行场却面临被关闭的危险。当时的德国陷入经济萧条，协会成员的境遇也一落千丈。能使火箭研究得以继续的唯一出路就是依靠军方的雄厚资本和独到条件，而陆军当局出于战争上的考虑，对火箭也表现出相当的兴趣。从此，火箭研究逐步转于陆军控制之下，而星际航行协会也就逐渐瓦解了。

德国星际航行协会所做的大量基础工作以及其造就的火箭专家，最终对德国战时火箭研制作出了巨大的贡献，使得战时德国的火箭研究和远程火箭技术达到了第二次世界大战结束前的世界最高水平。

第一次世界大战后，德国作为战败国，由于《凡尔赛和约》的限制不能大规模发展作战飞机、坦克、大炮和机枪等军事装备，对陆军装备的限制尤其严格，这就促使德国军队寻找不受和约条款的限制新的武器系统。

因此，早在 20 世纪 20 年代，德国陆军就开始筹建官方的火箭研制组织，抽调专人研究火箭的未来发展潜力和用于战争的可能性。有了政府的支持，就有了其他国家无法比拟的优越性。同时，德国陆军多方寻求研究人员，从研究机构调集技术骨干，最终促成德国火箭技术的飞速发展。

在陆军炮兵局卡尔·贝克尔少将的大力支持下，1930 年，陆军部召开了正式的火箭武器研制会议，这标志着德国官方军事火箭计划的

开始。在具体负责火箭研究工作的多恩伯格上尉的努力下，德国星际航行协会的一批研究人员，如冯·布劳恩、鲁道夫·内贝尔、克劳斯·里德尔、瓦尔特·里德尔等纷纷加入该计划，在1932年底组成了由多恩伯格、冯·布劳恩、瓦尔特·里德尔和海因里希·格鲁诺所领导的火箭研究小组，并于1936年至1938年建立了著名的佩内明德火箭基地。

该研究小组成立后，设计和生产了"集合体"系列火箭（A－1—A－12）。其中A－4即二战末期德国所使用的V－2导弹。

V-2 导弹

导弹与火箭是有区别的，我们平常所说的火箭是指以火箭发动机为动力的飞行器，而导弹则是指带有战斗部（如各种弹头）的可控制火箭。

"我们证明了利用火箭原理进行太空飞行是切实可行的，这在科学技术史上有着决定性的意义。除了陆地、海洋和空中交通外，现在还可以加上无限广阔的宇宙空间作为未来洲际航行的一个中介。这是宇宙航行新纪元的曙光。"1942年10月3日，多恩伯格在A－4火箭发射成功庆祝酒会上如是说。

在研究A系列火箭的过程中，冯·布劳恩等人以科学家的态度同时在进行着认真的太空探索，他们利用军队的拨款，进行了大量的空间飞行尝试。在二战后期，冯·布劳恩、多恩伯格等人曾制定了有关

载人宇宙飞船的机密计划——"小组计划"，即 A - 9 和 A - 10 计划。在该计划中不仅希望设计大型的洲际弹道导弹，而且探索了载人飞行运载工具的问题。

这些专家还设计了航天运载火箭，他们曾经设想在 A - 9 基础上，加装一个大型火箭，从而使火箭达到 3 级推进，估计就可以将一个驾驶员舱送入轨道。虽然这些设想由于战争的变化都未能实现，但为航天技术的进一步发展提供了一种可行的方案。

V-2 导弹

二战后，西方各国由于看到 V - 2 导弹在战争中的威力，都不同程度地开展了洲际导弹地研究计划，尤其当时美苏两国出于各自利益的需要，在导弹和航天领域展开了激烈的竞争。

前苏联战前的火箭技术在各方面已经有了重大突破，也拥有了一批火箭专家，这就为战后前苏联的火箭、导弹和航天技术的发展奠定了良好的基础。同时，由于"冷战"格局的逐渐形成，前苏联所制定的战略部署中，对当时各项具有军事意义的新技术，包括火箭技术给

神
舟
家
族
史
及
未
来
展
望

予了高度的重视。为了发展核威慑力量，前苏联制定了发展洲际弹道导弹的计划。通过对德国 V－2 导弹的研究和仿制，前苏联开始研究设计自己的洲际导弹，最终于 1957 年 8 月 21 日成功发射了 P－7 （P 为俄文"胜利者"第一个字母）洲际导弹。洲际导弹地出现在很大程度上要依赖于火箭技术的发展，所以它的成功在客观上也为发展航天事业直接或间接地奠定了重要的技术基础。接着，为了发射人造卫星并达到第一宇宙速度，由科罗廖夫为主的研究小组对 PB－7 导弹进行改进，成功研制了斯普特尼克（Sputnik）号运载火箭。1957 年 10 月 4 日晚，这枚火箭携带着世界上第一颗人造地球卫星"斯普特尼克 1 号"在前苏联的拜科努尔航天发射场发射成功，这标志着人类航天时代的真正到来。

当年，前苏联发射第一颗人造卫星的主要目的是进行洲际弹道导弹发射试验。这次洲际导弹发射试验虽然失败了，却还是把一颗直径 580 毫米、83 千克的小卫星送入了太空。这颗卫星在轨道运行了 92 天，给前苏联带来了无比的荣耀。

人造地球卫星是环绕地球在空间轨道上运行的无人航天器，简称人造卫星或卫星。通信及广播卫星、对地观测卫星和导航定位卫星，都是开发相对于地面的高位置空间资源的航天器，这类航天器一般又称为应用卫星。应用卫星是直接为国民经济、军事和文化教育等服务的人造卫星，是当今世界上发射最多、应用最广泛的航天器。

在前苏联开展战略导弹、运载火箭和人造卫星计划的同一期间，美国也在进行着航天技术的探索。国防部、陆海空三军以及一些科学机构

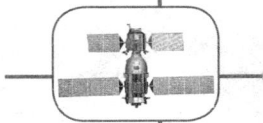

开展了多项导弹、火箭及卫星计划，先后就人造卫星的运载火箭研制的可能性和潜在的科学技术及军事价值进行了广泛的研究和讨论。但一方面由于美国政府及军事机构在发展战略武器思想上的失误，致使人造卫星和运载火箭研究长期没有进入实质性阶段；另一方面由于各计划的开展都是在不同的部门或部门间开展的，没有一个高度统一的部门负责，造成人才、资金、设备等资源的分散和浪费，所以美国在运载火箭及人造卫星的发展中落后于前苏联。直至 1958 年 1 月 31 日，才在卡纳维拉尔角，由"丘比特 – 1"火箭将"探险者 – 1"卫星送入太空。

美苏两国运载火箭、人造卫星技术的发展虽然是两国军备竞赛的产物，但在人类的历史长河中，他们在航天领域所取得的每一项进展，作为世界科技文化的一部分，同样是对人类历史的贡献，谱写了世界航天史的新篇章。

继美苏成功发射各自的第一颗人造卫星后，其他一些国家也开始根据各自的国情制定航天发展计划，并取得了极大的成功。航天技术也由最初的军事目的逐渐转向民用。各国相继发展了通信卫星、气象卫星、资源卫星等应用卫星，并相应地改进、发展了运载火箭，提高它的可靠性和运载能力。

航天技术的出现，使我们的社会文化和日常生活发生了革命性的变化，也让我们看到实现千百年以来的梦想——载人太空飞行的可能。随着新技术的发展，我们最终实现了这个梦想，在宇宙中留下中华民族的身影。

# 载人航天的巨大意义

"可上九天揽月，可下五洋捉鳖，谈笑凯歌还。"（毛泽东：《水调歌头·重上井冈山》）毛泽东的诗词中所表述的情景，自古就是中国人的梦想。尽管前苏联首次进入了太空，美国率先登上了月球，但最初进行载人飞行的尝试，却有可能追溯到约 600 年前中国明朝的一位

万户飞天

一心想飞天的名叫万户的官员。他两手各持一个大风筝作为翅膀，把自己绑缚在一把特制的座椅上，座椅后装有 47 支当时最大的火箭，试图借助火箭的推力和风筝的升力来实现"升空"的理想。结果是可想而知的，天上没去成，人却与火箭一起灰飞烟灭……但万户的梦想与勇敢却深深扎根于中国人的心中。

新中国成立后，在政府的关心以及科技工作者的努力下，中国的航天事业取得了巨大成绩。大推力运载火箭的研制成功、航天器返回再入等问题的解决，使中国已经具备了载人航天的基本条件。如今，美国和俄罗斯已经把数百名航天员送上了天，在太空活动的范围甚至延伸到了太阳系之外。这是对中国人以及所有科技工作者的巨大激励与唤醒，于是我们开始考虑载人航天的可行性。

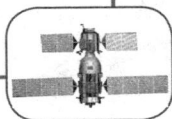

载人航天不同于其他的航天活动。对于载人航天的意义和必要性国内外都曾进行过广泛的讨论。从经济效益上讲，能创造最大经济效益的航天活动是各类不载人的应用卫星，其中通信卫星位居第一，地球资源卫星位居第二。而在资金的投入上，载人计划的实施远远超过了应用卫星，不论美国还是俄罗斯的载人航天所获得的经济效益都小得可怜。

那么中国发展载人航天有没有必要？从社会发展的角度看，载人航天是人类的生产力、科学技术发展到一定阶段的必然产物，它体现了人类的智慧和创造精神。开拓新的活动天地是人类的天性，冲破地球的生存局限并不是天方夜谭，日益紧张的地球资源、外太空的无尽诱惑，无不让今天的人们较以往时代更加梦想冲出地球。

## 开发空间环境资源

发展载人航天工程，可以开发巨大的空间资源。人类开发地球空间资源主要有以下四种：

一是高度资源。俗话说"站得高，看得远"。在信息时代，远离地面的高度显得更加重要。在地球卫星的静止轨道上，即 35786 千米的高度上，观察地球表面的面积可达 42%。利用地球近地轨道上的卫星，可以提供通信、气象观测等便利，可进行地面、海洋、空中导航和定位。随着人类科学技术的发展进步，对空间高度资源的认识和利用必将进一步扩大。

二是高真空、微重力资源。在离地球100千米外的高空，大气密度和大气压只有地球表面值的1%。高真空的显著特点是高洁净，这为航天器轨道运行提供了理想的条件，更为天文观测、科学研究、材料制造、加工工艺等提供了有利的环境。在几乎没有重力的条件下，人类可以制造出地球上无法制造的材料和制品。对于材料、冶金、制药、高质量晶体和医学研究来说，宇宙空间都是独特的理想领域。

月球

三是太阳能资源。太阳能和氢被公认为是人类未来最有可能利用的两大能源。太阳内部核反应剧烈，中心区产生巨大的能量流，每秒给地球送达的热能相当于500万吨煤释放的能量。外层空间没有大气对太阳光的反射和吸收，能长时间收到几乎没有损失的太阳辐射，为各种空间活动提供源源不断的动力。

四是月球资源。月球上有丰富的物质资源，土壤中含有多种矿藏，其中40%的氧元素和20%的硅元素是生产火箭推进剂和太阳能电池的重要材料。月球土壤中还有大量的粉末状金属铁和氢元素。月球表面引力只有地球表面的六分之一，没有大气，十分有利于发射航天器。未来，人类在月球上建立航天发射基地将成为可能。

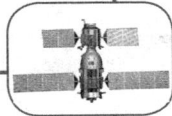

## 推动经济建设

载人航天活动研究、开发的许多新技术、新产品，可以带动传统产业技术改造，提高整体的经济效益，有效促进经济建设。

人到太空，可以利用太空环境进行一系列的科学试验，这样能为地面生产提供技术和手段，研究制造出质量优、成本低、产量高的产品。

在未来，利用太空的特殊环境，建设材料加工厂、太空育种基地和制药厂等，都将具有巨大的经济潜力和广阔的应用前景，可以获得更大的经济效益。

## 促进科技进步和高新科技产业发展

载人航天是综合性的尖端科技，集中了现代科技众多领域的最新成果。载人航天的发展水平全面地反映一个国家的整体科学成就和高技术产业的水平，特别是自动控制、计算机、新材料、新工艺、推进、遥感、测试、通信、激光、微电子、光电子等技术以及天文学、力学、地球科学、航天医学和空间科学的水平。载人航天的发展，同时又对现代科学技术的各个领域提出了新的发展需求，从而可以进一步推动我国科学技术的进步和高新技术产业的蓬勃发展。

20 世纪中期，电子计算机的迅猛发展在很大程度上与载人航天技

术的需求和引导有关。载人航天工程也有力地推动系统工程理论和实践的发展。此外，我国实施载人航天工程，还可以培养和锻炼大批优秀科技人才，大大加快我国科技队伍的建设，为我国航天事业及整个科技事业的发展奠定坚实的人力资源基础。

## 载人航天是衡量国家综合国力的重要标志

当今世界，除了载人航天，再没有其他什么活动比航天更能充分展示一个国家的综合国力了。载人航天是个庞大的系统工程，包括载人飞船、运载火箭、航天员、发射场、着陆场、测控通信以及飞船应用等七大系统。将载人飞船送入太空并安全返回，这些都需要高度发达的科技实力。一个国家要实施载人航天工程，首先就需要具备雄厚的经济基础和强大的综合国力。

所以说，发展载人航天可以提高国家声望，从而增强民族自尊心、自信心和自豪感，增强民族凝聚力。从前苏联初期载人航天所取得的政治影响来看，发展载人航天不失为提高国际地位的一个途径。

一个国家的声望和地位是建立在综合国力上的，经济、政治、军事、科技实力一样都不能弱。载人航天不会直接带来巨大的经济效益，但载人航天技术是高度综合性的技术，它是各学科最新成果的综合利用；只有经济与科技发展到一定水平才有可能实现载人航天。因此，载人航天的实现，从一个侧面体现了一个国家的综合国力。载人航天需要技术和资金的高投入，但也能带动许多技术产业的发展和进步，

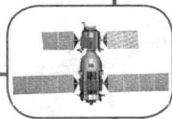

创造就业机会，从而推动经济社会的整体发展。

载人航天取得的技术进步与突破，虽然不能直接应用到国民经济领域中，但却可以通过技术转移等多种途径带来巨大的效益。毋庸置疑，载人航天的发展和取得的重大突破可以带动材料技术、控制技术、自动化技术、信息技术、医学、生物技术、环境工程等各个基础学科的发展。这又反过来促进了科技、经济的共同发展。开发和利用航天科技成果，已经成为衡量一个国家综合国力和文明程度的重要尺度。可以这样说，中国载人航天事业不是为了航天而航天，而是为了更好地推动经济、科技和社会的发展，更好地服务于国民。

## 载人航天也是一种军事威慑

未来的战争将会是地、海、空、天四位一体的战争，这一点在海湾战争中正经得到初步的说明，而天基系统又将成为国防与战争体系的核心。当前的总趋势是，谁先控制了太空，谁就会在未来的战争中占有决定性的优势。当天基军事系统处在有人操控的情况下，真正意义上的"天军"也就诞生了。

这种"天军"可以不受领土权、领海权和领空权的限制，自由运行在任何国家的疆域上方，这种空前的威慑力是任何地面军事系统无法与之相比的！虽然中国发展载人航天的目的并不在此，但军事实力是一个国家实力的象征，它并不仅仅为战争与杀戮而存在；它的强大也是更广大的和平的保证。因而我们也必须建立自己的技术储备，这

样才不至于出现被动挨打的局面。

在未来，载人航天将成为一种普通的星际交通手段。虽然现在的载人航天技术还相当初级，但是你是否能预见，未来人类将在月球上建造活动基地，在火星上建立移民区，在太空建造大型空间站、太阳能电站，开展太空旅游，开发其他星球的物质资源……现在看来，这些都不再是遥不可及的梦想，到那时，载人航天必将进入全面收益的时期，而人类的科技、文化、经济、社会面貌，都将发生巨大而深远的变化。

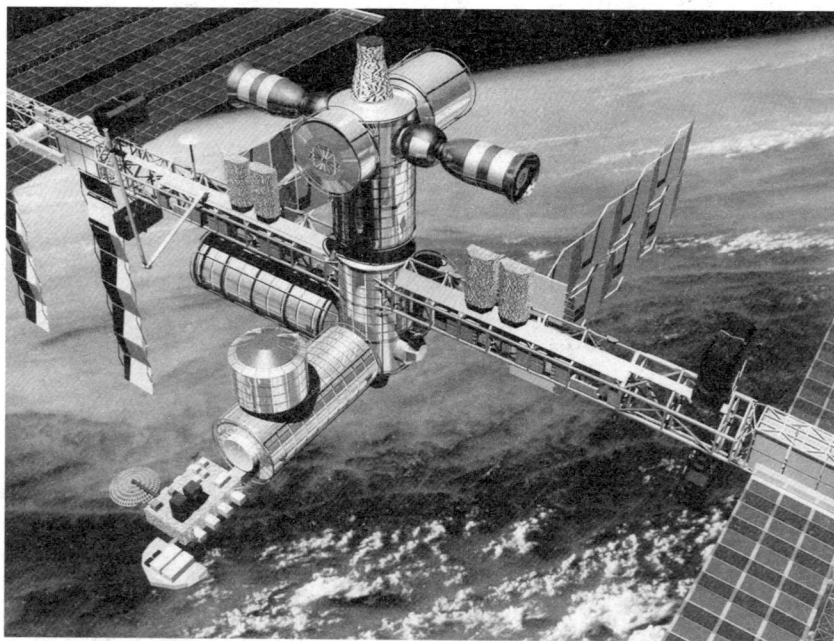

# 我国载人航天时代终于来临

人们形容某些事情难做，常说比登天还难。确实，世界上再没有比登天还难的事情了。人类要想飞到太空，绝非一件轻而易举的事。首先要有一定的速度围绕地球转，每秒钟至少运行 8 千米。而要摆脱地球的引力飞到天外去，那就必须运行速度更快，每秒要达到 166 千米才行。

然而，一切皆有可能。前苏联第一颗人造卫星带来了人类的航天时代，也实现了人类梦寐以求的飞天愿望。当前苏联第一位宇航员加加林乘"东方一号"在天上旅游了一圈胜利返回地面之后，前苏联又有两位宇航员，其中包括一位女性宇航员也相继飞入太空。至今，世界上已经有多个国家的数百名宇航员漫游了太空。那么，中国航天员漫游太空的梦想什么时候才能成真呢？

加加林

我国从开始研究人造卫星到今天终于成功地进行了载人飞行，几十年过去了。其间经历了多少曲折和艰难，成功与失败。

1958 年 5 月 17 日，中共八届二次会议提出要搞人造卫星。不久，组建了有关航天工业的领导机构——第七机械工业部，由聂荣臻元帅

挂帅。钱学森等专家和空军司令员刘亚楼、副司令员王秉璋等人在集思广益的基础上，详细制定了我国的航天技术研制规划。

钱学森

1955 年 6 月，在周恩来总理的关怀下，留美从事喷气技术与火箭技术研究的钱学森博士回到了新中国的怀抱。1956 年 2 月，钱学森向国务院提交了《关于建立我国国防航空工业的意见书》。不久，航空工业领导机构和火箭、导弹研究院先后成立。钱学森回国的第二年，中国第一个火箭导弹研究院——国防部第五研究院正式成立，钱学森被任命为国防部第五研究院院长。

1965 年 6 月，我国在安徽的发射基地成功发射了一批生物探空火箭。跟随火箭升空的大白鼠、小白鼠、小公狗、小母狗和果蝇等都活着成功返回。

1967 年 12 月，由孙家栋主持召开第一颗人造卫星的研制工作会议。会议对总体方案和各系统方案以及技术方案进行了重新论证工作，简化了过去的卫星设计方案，确定中国第一星是试验卫星，只要能上得去、看得见、听得到就算成功。这次会议还正式把卫星命名为"东方红 1 号"。1968 年 1 月，国家有关部门批准了这一方案。1970

年，我国第一颗人造地球卫星在《东方红》乐曲的伴奏下，在酒泉发射成功。

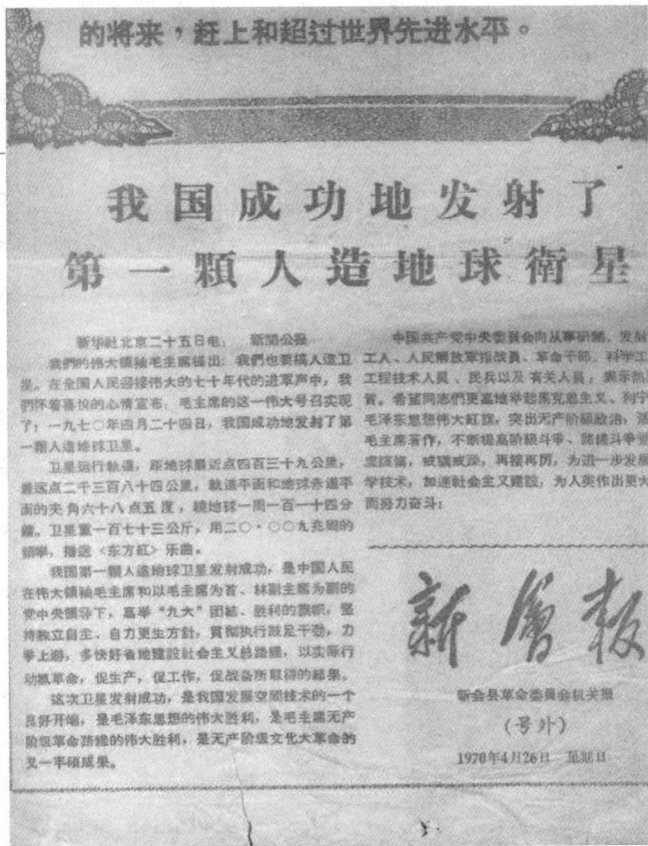

我国成功发射第一颗人造地球卫星的新闻

航天事业中最困难的就是载人航天。作为科学技术宝塔尖端的载人技术，几乎涉及当今世界所有的基础科学和理论技术，要有最先进的理论、试验、材料、工艺设备和尖端技术的支持。最为关键的是，实现载人航天需要攻克三大难题：首先要有可靠的、大推力的运载火

箭；其次是安全返回技术；再次就是要具有良好的生命保障系统和工作环境。前两个问题我国早就解决了，现在的难关是第三个问题。这一问题得不到解决，载人航天无从实现；因为在太空根本没有人类生存的环境，没有水和空气，也没有重力，只有超强的辐射、紫外线、低温和高真空等。要使航天员在太空生存，就必须突破以下几道难关。

"神舟五号"飞船

第一，飞船的外壳必须是硬且轻的金属。宇宙飞船的舱体外壳要包裹绝热材料，在飞船里要配备装有缓冲装置的航天员座椅和各种电子设备仪表、宇航员救生及生活装备，飞船的两侧要安装供宇航员观察星空与地球的舷窗，舷窗必须要防强光、防紫外线、防辐射。第二，要设计能维持航天员生存的类似密闭舱的航天压力服，内部能够保障一定的压力、空气、温度，具有防流星、耐高低温等功能。穿上这套衣服，要能够在太空行走，能操纵物品，要保证航天员产生的废气能够排出，还要有与外界通话的设备。第三，为了随时了解航天员的身体健康状态，航天服里还要装上生理信息传感器。制作

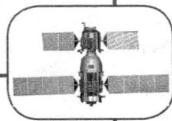

这套特殊衣服的材料，需要用玻璃纤维、镀铝尼龙布及其他不同的材料编织而成。所有这些工作，需要我们的航天工作者付出许许多多的艰辛和努力。

20世纪70年代中期以来，我国的空间技术取得了长足的发展，已经具备返回式卫星以及各种应用卫星的研制和发射能力，成为世界上继苏美之后第三个掌握卫星回收技术的国家，为我国发展载人航天技术打下了坚实的基础。

如今，经过中国航天人几十年的努力，我国发展载人航天的时机已经成熟。机不可失，我国的载人航天时代终于来临了。

航天领域的专家和学者以极高的热情投入到工作中。他们根据中国国情进行了实事求是的论证，认为中国具备了以载人飞船为突破口来发展载人航天工程的条件，接着在全国各有关单位开展了载人航天的预先研究工作。

2003年10月15日，我国发射了第一艘载人飞船——"神舟五号"。航天员杨利伟在太空飞行21小时23分钟后，成功返回地面。由此，我国成为继前苏联、美国之后第三个独立开展载人航天飞行的国家。

杨利伟

2005年10月12日，费俊龙和聂海胜两位航天员乘坐"神舟六号"飞船进入太空，实现了双人多

天的太空飞行。

费俊龙和聂海胜

翟志刚、刘伯明和景海鹏

　　2008 年 9 月 25 日，"神舟七号"飞船载着 3 位航天员翟志刚、刘伯明和景海鹏由"长征二号"运载火箭发射升空，并顺利实现了太空行走。

　　人类探索外太空的脚步不会停止，各种新型的火箭和卫星正在不断研制和应用，我国在探索宇宙的道路上依然任重道远。

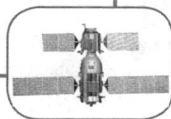

# 发射中心——酒泉

距离敦煌莫高窟约 600 千米的地方坐落着中国酒泉卫星发射中心。酒泉卫星发射中心又称"东风航天城"，是中国科学卫星、技术试验卫星和运载火箭的发射试验基地之一，是中国创建最早、规模最大的综合型导弹、卫星发射中心。

酒泉卫星发射中心

酒泉卫星发射中心位于中国西北部甘肃省酒泉地区，海拔 1000 米。酒泉地区属内陆及沙漠性气候，年平均气温 8.7 摄氏度，相对湿度为 35%~55%，常年干燥少雨，春秋两季较短，冬夏两季较长，一年四季多晴天，云量小，日照时间长。这一地区地势平坦，人烟稀少，生活环境艰苦，但可为航天发射提供良好的自然环境条件，每年约有 300 天可进行发射试验。兰州至乌鲁木齐的铁路在清水地区有一条支线直达酒泉卫星发射中心的技术中心和发射场区。鼎新机场在酒泉卫星发射中心以西 75 千米，可满足卫星从机场到技术中心和发射场区的运输要求。

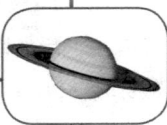

　　酒泉卫星发射中心始建于 1958 年，经过几十年的建设发展，如今的卫星发射设施十分先进。酒泉卫星发射中心主要用于执行中轨道、低轨道和高倾角轨道的科学试验卫星及返回式卫星的发射任务。

　　多年来，酒泉卫星发射中心逐步建立起一套比较完善的综合发射设施，拥有一支过硬的科技队伍。

　　自 1958 年 10 月成立以来，酒泉卫星发射中心创造了中国航天发展史上多个第一：用国产燃料成功发射了第一枚苏制近程弹道导弹，成功发射了第一枚我国自行研制的地地导弹、第一枚导弹核武器、第一颗人造地球卫星、第一颗返回式卫星、第一枚远程运载火箭，成功进行了第一次"一箭三星"发射试验，第一次为国外提供卫星搭载服务，成功发射了我国第一艘试验飞船，成功发射了我国第一艘载人飞船。

　　自 1970 年 4 月 24 日，"长征一号"运载火箭成功发射中国第一颗人造地球卫星——"东方红一号"以来，酒泉卫星发射中心用"长征一号"、"长征二号丙"及"长征二号丁"火箭，已成功发射了 20 多颗科学试验卫星。1975 年 11 月 26 日，中国第一颗返回式卫星在这里发射成功。1987 年 8 月，酒泉卫星发射中心为法国马特拉公司提供了发射搭载服务，使中国的航天技术从此开始走向世界。1980 年 5 月 18 日，中国第一枚远程运载火箭也在这里发射成功。1992 年 10 月，酒泉卫星发射中心首次为国际用户执行了发射任务，利用"长征二号丙"火箭发射中国返回式卫星时搭载发射瑞典空间公司的弗利亚卫星进入预定轨道，获得成功。1999 年 11 月 20 日，"神舟"号试验飞船

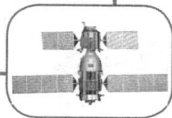

从这里发射升空，迈出了中国载人航天工程的第一步。此后，"神舟"系列飞船相继从这里成功进入太空预定轨道。

　　酒泉卫星发射中心在载人航天飞行任务中，主要是承担发射场区的组织指挥，实施火箭的测试、加注、发射，逃逸塔测试，整流罩测试，人船箭地联合检查，船箭塔对接和整体转运，提供发射场区的气象、计量和技术勤务保障，并在紧急情况下组织实施待发段航天员撤离及逃逸救生。

　　在世界23个发射场中，中国酒泉卫星发射中心与前苏联拜科努尔发射场、美国的肯尼迪航天中心齐名，是能够发射载人航天器的少数优秀发射场之一。

东风航天城

　　酒泉卫星发射中心的别称是"东风航天城"，这个名称的由来有着鲜明的军工单位特色。20世纪60年代，酒泉卫星发射基地与北京三个总部的有线电话长途通信的秘密代号为"东风"，所以基地一直

沿用了"东风基地"这一名称。1992 年 8 月 11 日，当时的江泽民总书记在视察基地时欣然题写了"东风航天城"，从此人们就正式把这里叫东风航天城了。如今，走在这里可以发现，不论幼儿园、街道、宾馆、市场等，处处都有"东风"字样。

除了在发射和试验任务期间为安全、保密工作作保障外，这里平时并没有人们想象的那么神秘，与一般的城镇没有多大差异。行走在这里的街道上，就如同进入了一个现代城市。这里的宾馆和街道取名都极具特色，有太空路、宇宙路、航天路、胡杨路、黑河路、红柳路等。大型宾馆分别取名"神舟"、"东风"、"航天"等。航天城还拥有一个专用机场和自备电厂，常住人口数千人。

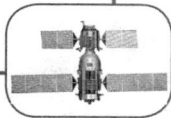

# 运载工具——"长征神箭"

说到我国的"神舟"飞船，就不得不提到它们的运载工具——长征运载火箭。

长征，是中国共产党领导工农红军创造的奇迹，是中国革命史上巍峨耸立的不朽丰碑，是中华民族惊天地、创世纪的英雄史诗，是人类历史上前所未有的伟大壮举。并且，长征也是新中国成立后，我国科技事业蓬勃发展、航天工业欣欣向荣的一个代名词。中国自力更生、艰苦奋斗、自主研发的运载火箭就是用"长征"来命名的，因此，我国的运载火箭被称作"长征神箭"。

20 世纪，只有前苏联和美国实现了载人航天。中国是世界上第五个能独立发射人造卫星的国家，很早就拥有了大推力运载火箭。1986 年，中共中央、国务院批准了《高技术研究发展计划 863 计划纲要》，把航天技术列为我国高技术研究发展的重点之一。

长征神箭

然而，为什么世界上有十多个国家能够发射各种人造卫星，却只有前苏联、美国才能发射载人飞船呢？这是因为，发射载人飞船的运载火箭远比发射人造卫星要求更高、功能更多、推力更大。

载人航天，保证航天员的生命安全是第一位的。这对运载火箭就

提出了很高的要求。主要有三点：第一，改进火箭的设计，保证火箭有足够的可靠性，把火箭在发射和飞行过程中出现故障的可能性减少到最低限度；第二，火箭在发射和飞行中，一旦出现故障危及航天员生命安全，要能够及时发现并且作出正确判断；第三，出现故障后要能够帮助航天员采取有效措施，脱离危险区域，安全返回地面。

"长征二号捆绑式"运载火箭的研制和发射成功，为我国实现载人航天奠定了一定的技术基础，在当时我国研制、发射成功的运载火箭中，是最接近载人航天要求的，但是依然不能满足载人航天的基本要求。

根据高技术研究发展计划方案论证的结果，我国发展载人航天的核心是研制8吨级载人飞船，而"长征二号捆绑式"运载火箭低地球轨道运载能力就已经达到了8吨。并且，与当时具有8吨运载能力的另一种运载火箭"长征三号乙"相比，"长征二号捆绑式"运载火箭的动力系统完全是继承了"长征二号"运载火箭的技术，已经经过了近百次发射和飞行的考验，更为成熟、可靠；"长征三号乙"运载火箭，则多出了氢氧第三级，结构复杂，可靠性相应降低，尤其是新研制的氢氧发动机，还没有经过充分的飞行试验考核，液氢和液氧的使用安全性也有待验证。此外，"长征三号乙"运载火箭是三级火箭，长度远比"长征二号捆绑式"运载火箭要长，如果再加上载人飞船，长度会超过极限。所以，以"长征二号捆绑式"运载火箭为基础研制新型载人运载火箭才是最佳选择。

为了提高火箭发射和飞行的可靠性，火箭的控制系统进行了全新

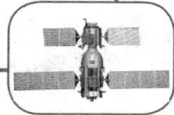

的设计，不但提高了所有元器件的等级和筛选标准，而且重要仪器设备都采用双套同时开动，一套仪器发生故障，立即启用备用的另外一套，以保证火箭的正常飞行控制。重要信号及其转换采用双点双线、甚至三点三线进行，确保万无一失。火箭的结构也根据情况进行了加强设计，提高了安全系数。经过技术人员的不懈

"长征二号捆"运载火箭

努力，火箭的可靠性指标从 91% 提高到了 97%，基本上达到了载人运载火箭的要求。

经过中国航天人 7 年的不懈奋斗，中国第一个载人运载火箭"长征二号 F"终于研制成功。1999 年 11 月 20 日，第一枚"长征二号 F"运载火箭从酒泉载人航天发射场发射升空，首次将我国第一艘无人试验飞船——"神舟一号"送入预定轨道，完成了我国载人飞船的第一次无人飞行试验。

此后，在 2001 年 1 月 10 日，2002 年 3 月 25 日和 2002 年 12 月 30 日分别进行了三次发射，将"神舟二号"、"神舟三号"和"神舟四号"无人试验飞船送入预定轨道。至此，我国载人飞船的无人飞行试验任务圆满完成，为正式载人飞行做好了准备。连续四次圆满发射成功，也是对"长征二号 F"运载火箭载人航天能力的初步考核。

"长征二号 F"运载火箭

2003 年 10 月 15 日，中国自主研制的"神舟五号"载人飞船用"长征二号 F"运载火箭发射成功，这是我们伟大祖国的荣耀，标志着我国首次载人航天飞行初战告捷，也标志着中国人民在攀登世界科技高峰的征程上又迈出了具有重大历史意义的一步。

2005 年 10 月 12 日，第六枚"长征二号 F"火箭将"神舟六号"飞船准确送入预定轨道。两位航天员费俊龙和聂海胜在太空连续飞行 5 天后顺利返航。2008 年 9 月 25 日，第七枚"长征二号 F"运载火箭将"神舟七号"飞船送入太空。"神舟七号"载人航天飞行圆满成功，实现了我国空间技术发展具有里程碑意义的重大跨越，标志着我国成为世界上第三个独立掌握空间出舱关键技术的国家。

可以说，中国的载人航天事业离不开中国神箭——长征火箭的发展和进步。

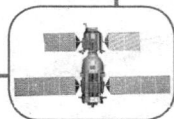

# 知识大搜索

## 为何从载人飞船起步

自 1961 年前苏联发射了世界上第一个载人航天器——"东方 1 号"载人飞船后，世界上一些国家积极开展载人航天器的研究与应用。目前人类研制发射成功并正在使用的载人航天器共有 3 种：载人飞船、空间站和航天飞机。其中，航天飞机技术复杂、功能齐全，代表着当代航天技术的领先水平。

既然世界上已经设计出航天飞机等先进的航天器，我国的载人航天为何仍要从载人飞船起步呢？

我国航天领域的专家们曾就这个问题进行了长期的研究和讨论。有些专家主张，中国可以借鉴国外的技术和经验，采取跨越式发展，越过载人飞船，直接发展航天飞机。另一些专家则认为，航天飞机技术虽然先进但难度很大，如为了保证它在大气层飞行时的稳定性及研究再入大气层时受到的空气动力加热问题，需要在高速风洞中完成数万小时的空气动力试验；由于火箭发动机基本上都是一次性使用的，如建造航天飞机还需要专门研制能多次燃烧的火箭发动机等，这些方面我们的基础比较差。此外，研制航天飞机所需投资太大，无论是造价还是维修费用以及发射场建设都相当昂贵。美国航天飞机每飞行一

次就要花 2 亿至 3 亿美元，每次飞回来后，光检修就要半年时间。而载人飞船是一种经济、技术难度不是很大的运输器，它既可搭乘航天员，又可向空间站运输物资，还能作为空间站轨道救生艇用。而且使用一次性飞船的投资比可重复使用的航天飞机低，更符合我国国情。同时，飞船可为建造空间站和航天飞机进行技术探路，空间站建成后还可作为太空救生船。如果航天飞机、空天飞机（既能航空又能航天的新型飞行器）研制成功飞船还可与其搭配使用，成为其有益的补充。

经过对多种技术方案的比较和分析，并根据我国的国情和国力，专家们一致同意从飞船起步。同时，考虑到我国在运载火箭和应用卫星方面已拥有相当坚实的技术基础和丰富的研制经验，以及有可能借鉴国外研制载人飞船的经验，专家们决定越过单舱式、两舱式载人飞船，直接研制三舱式载人飞船。

## 神舟飞船的结构是怎样的

"神舟"载人飞船全长 8.86 米，最大处直径 2.8 米，总重量达到 7790 千克。从构型上来说，由轨道舱、返回舱和推进舱以及一个附加段组成；采用的是典型的"三舱一段"式结构。整个飞船按照功能还能分为 13 个不同的分系统。这 13 个分系统都是用它的功能来命名的，它们是：有效载荷、结构与机构、热控制、指导导航与控制、推进、电源、数据管理、测控与通信、环境控制与生命保障、乘员、仪表与

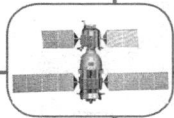

照明和应急救生分系统。这些系统分别布置在这"三舱一段"式结构的神舟飞船中，相互分工合作，完成一次太空遨游。下面分别介绍各个舱段的情况：

一、轨道舱（长2.8米，直径2.2米）

神舟飞船的轨道舱的外形为圆柱形的。为了使轨道舱在独自飞行的阶段可以获得电力，轨道舱的两侧安装了太阳电池翼。每块太阳翼除去三角部分面积为2.0米×3.4米，轨道舱自由飞行时，可以由它提供0.5千瓦以上的电力。轨道舱尾部有4组小的推进发动机，每组4个，为飞船提供辅助推力和轨道舱分离后继续保持轨道运动的能力。轨道舱一侧靠近返回舱部分有一个圆形的舱门，为航天员进出轨道舱提供了通道。不过，该舱门的最大直径仅65厘米，只有身体灵巧、受过专门训练的人才能进出自由。舱门的上面有轨道舱的观察窗。

轨道舱是飞船进入轨道后航天员工作、生活的场所。舱内除备有食物、饮水和大小便收集器等生活装置外，还有空间应用和科学试验用的仪器设备。

返回舱返回后，轨道舱相当于一颗对地观察卫星或太空实验室，它将继续留在轨道上工作半年左右。轨道舱留轨利用是中国飞船的一大特色。俄罗斯和美国飞船的轨道舱和返回舱分离后，一般是废弃不用的。

二、返回舱（长2.00米，直径2.40米，不包括防热层）

神舟飞船的返回舱呈钟形，有舱门与轨道舱相通。返回舱式飞船的指挥控制中心内设可供3名航天员斜躺的座椅，供航天员起飞、上

升和返回阶段乘坐。座椅前下方是仪表板、手控操纵手柄和光学瞄准镜等，显示飞船上个系统机器设备的状况。航天员通过这些仪表进行监视，并在必要时控制飞船上系统机器设备的工作。轨道舱和返回舱均是密闭的舱段，内有环境控制和生命保障系统，确保舱内充满一个大气压力的氧氮混合气体，并将温度和湿度调节到人体合适的范围，确保航天员在整个飞行任务过程中的生命安全。

另外，舱内还安装了供着陆用的主、备两具降落伞。"神舟号"飞船的返回舱侧壁上开设了两个圆形窗口，一个用于航天员观测窗外的情景，另一个供航天员操作光学瞄准镜观测地面驾驶飞船。返回舱的底座是金属架层密封结构，上面安装了返回舱的仪器设备。该底座重量轻便，且十分坚固，在返回舱返回地面进入大气层时，保护返回舱不被炙热的大气烧毁。

### 三、推进舱（长3.05米，直径2.50米，底部直径2.80米）

"神舟号"的推进舱又称设备舱，它呈圆柱形，内部装载推进系统的发动机和推进剂，为飞船提供调整姿态和轨道以及制动减速所需要的动力，还有电源、环境控制和通信等系统的部分设备。两侧各有一对太阳翼，除去三角部分，太阳翼的面积为2.0米×7.5米。与前面轨道舱的电池翼加起来，产生的电力将3倍于"联盟号"，平均1.5千瓦以上。这几块电池翼除了提供的电力较大之外，还可以绕连接点转动，这样不管飞船怎样运动，它始终可以保持最佳方向获得最大电力，免去了"翘向太阳"所要进行的大量机动，这样可以在保证太阳电池阵对日定向的同时进行飞船对地的不间断观测。

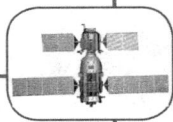

设备舱的尾部是飞船的推进系统。主推进系统由 4 个大型主发动机组成，它们在推进舱的底部正中。在推进舱侧裙内四周又分别布置了 4 对纠正姿态用的小推进器，说它们小是和主推进器比，与其他辅助推进器比它们可大很多。另外推进舱侧裙外还有辅助用的小型推进器。

### 四、附加段

附加段也叫过渡段，是为将来与另一艘飞船或空间站交会对接做准备用的。在载人飞行及交会对接前，它也可以安装各种仪器用于空间探测。

对于附加段现阶段的设备没有权威介绍，但是一些业内人士进行了大胆的推测，如：其中一个半环型装置，据推测是用来安装方形的仪器装置。而三个相互垂直并可伸出的 0.4 米的探针被推测为可能是导航系统的一部分或对接系统的一部分。因为美国的阿波罗飞船上曾有类似的装置用来进行对接。神舟飞船轨道舱前端可能装有俄罗斯式的对接系统。但这些装置可能只是一种试验型，在将来执行与太空站对接的任务时肯定会被新型对接系统所替换。

# 第二章 "神舟一号"到"神舟四号"

## 走近载人飞船

载人航天是 20 世纪人类最伟大的壮举，它大大扩展了人类的活动范围，实现了人类飞天的梦想。同时，它也是大规模开发与利用空间资源的重要手段，对一个国家的政治、军事、经济和科技等方面的发展均有重要的战略意义。

加加林

1961 年 4 月 12 日，前苏联宇航员加加林乘坐"东方 1 号"载人宇宙飞船升空，成为世界航天第一人，开创了载人航天的新纪元。此举不仅使加加林名扬四海，而且宇宙飞船作为第一种载人航天器也因此蜚声全球。

宇宙飞船与返回式卫星有相似之处，但因为要载人，所以增加了许多特殊设置的系统，以满足航天员在太空工作和生活的多种需要。例如，用于空气更新、废水处理和再生、通风、温度和湿度控制等的环境控制和

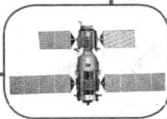

生命保障系统，报话通信系统，仪表和照明系统，航天服，载人机动装置和逃逸救生系统等。空间交会对接技术是载人飞船工程的一项关键技术，因为只有实现空间安全对接才能为其他航天器提供运输功能。

航天器再入大气层和安全返回技术的掌握也是至关重要的。尤其是载人飞船，除了将飞船在返回过程中的制动过载限制在人的耐受范围内，还应使其落点精度比返回式卫星更高，以便于及时发现和营救航天员。前苏联载人宇宙飞船就曾因落点精度差，使航天员困在了冰天雪地的森林中差点被冻死。目前，掌握航天器返回技术的国家只有美国、俄罗斯和中国。

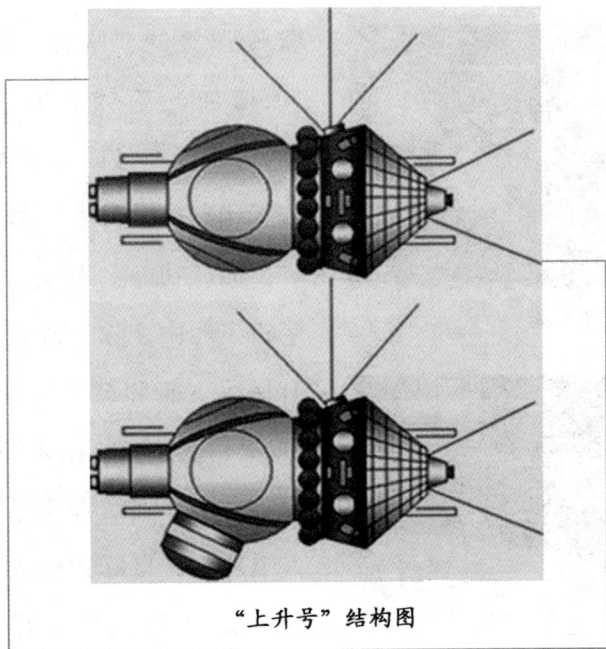

"上升号"结构图

从结构来看，人类已研制出了三种结构的宇宙飞船，即一舱式、两舱式和三舱式。其中一舱式最为简单，只有航天员的座舱。两舱式

飞船由座舱和提供动力、电源、氧气和水的服务舱组成，它改善了航天员的工作和生活环境。世界上第一个出舱的航天员列昂诺夫乘坐的前苏联"上升"号飞船以及美国的"双子星座"号飞船均属于两舱式。最复杂的是三舱式飞船。它是在两舱式飞船基础上或增加一个轨道舱（卫星式飞船），作为活动空间、进行科学试验等，如前苏联/俄罗斯的"联盟"号系列飞船；或增加一个登月舱（登月式飞船），用于在月面着陆和离开月面，如美国的"阿波罗"号飞船。

双子星座

"联盟"系列飞船

"阿波罗"号飞船

而从功能上来说，在已发射的宇宙飞船中，除了载人飞船外，还有货运飞船和载人货运混合飞船。按照飞行任务的不同，载人飞船又可分为卫星式载人飞船、登月式载人飞船和行星际式载人飞船。前两种在 20 世纪已经发射成功，后一种有望在 21 世纪实现，很可能是载人火星飞船。

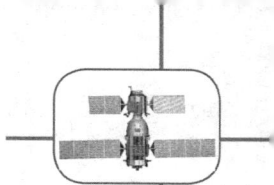

# 简单又复杂的载人飞船

可以说，载人飞船是当今最简单的一种载人航天器，具有飞行时间短、沿弹道式或半弹道式路径返回、一次性使用等特点。即便如此，其实它也很复杂，目前为止只有中、俄、美 3 国掌握了相关技术。

为了适应在返回地面时减速、防热及结构方面的需要，载人飞船的返回重量要越小越好。为此，一般真正返回地面的只有座舱，这也是分舱设计的重要原因。它要像飞机在空中抛掉副油箱和多级火箭抛掉熄火后的子级火箭似的"轻装下阵"。所以，飞船座舱的外形设计十分重要。

载人飞船的核心部位是座舱，现阶段通常采用的是无翼钝头旋转体，有的是球形，有的是钟形。这种简单外形具有结构简单、工程上易于实现等特点。同时，座舱一般均有视野开阔的舷窗，便于航天员观察发射前的准备活动、在轨交会对接情况、返回点火时的姿态和再入着陆的地面情况等。俄罗斯宇航员曾多次在自动对接系统失灵的情况下，通过舷窗进行手动对接获得成功。此外，为保持航天员高效率地工作，座舱内的大气压力和成分、供氧、二氧化碳和水汽的清除、水和食物、航天服等都要细致研究，这些都需要复杂的技术手段才能完成。

载人飞船的气闸舱有两个闸门，一个是内闸门，与座舱连接；另一个是外闸门，可通向太空。航天员出舱前要在座舱内穿好航天服，

— 41 —

然后走出内闸门，关闭内闸门，把气闸舱内的空气抽入座舱内，当气闸舱内和舱外压力相等时就可以打开外闸门进入太空了。航天员返回气闸舱时按相反的顺序操作。内外闸门的气密性绝对可靠是气闸舱工作的基本条件，闸门的启闭必须十分小心和熟练，避免漏气很重要，否则极其危险。

在上升或返回过程中，载人飞船一旦发生故障需要应急弹射时，座舱门要能够迅速打开；而在轨道运行或降落在海面时，则要求座舱门严格密封。航天员除可由座舱门进出以外，还能从应急逃逸口爬出座舱。在载人飞船上升、轨道运行和返回地球三个不同的飞行阶段，有不同的飞行环境，所以其救生手段也不同。例如，发射飞船的火箭起飞后发生危险，如果火箭飞行高度低于2万米，航天员则可像飞机的飞行员一样启动弹射坐椅从座舱弹出，再打开降落伞返回地面；若火箭的飞行高度超过两万米，航天员就只能启动飞船顶部逃逸用的小火箭，用它把飞船拉离运载火箭，飞向安全区后，再打开飞船的降落伞，使飞船软着陆。

目前，载人飞船还是一次性的，要想重复使用必须解决两大难题：一是座舱热防护层能经受1000℃以上高温，二是返回着陆系统可保证以很小的速度准确着陆，从而确保飞船不被烧坏和撞坏。国外正从这两方面入手，研制可重复使用的载人飞船。

## 飞船的用途

随着人类航天活动的不断深入，宇宙飞船的用途也随之越来越广

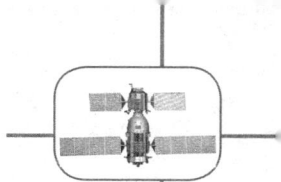

泛。载人飞船更是在载人航天史上不可磨灭的功绩。将人送入太空后，宇宙飞船被用于对地观测、航天员出舱作业和生物学研究等多种科学研究和各项航天技术试验，取得了巨大的成果。

"和平号"空间站

宇宙飞船比较重要的一个用途，就是为空间站和月球基地等接送航天员和物资。实现这一功能，飞船的费用较航天飞机低许多。目前在轨的国际空间站和以前的"和平"号空间站、"礼炮"号系列空间站以及美国"天空试验室"空间站，都是用宇宙飞船作为天地往返的交通工具。飞船犹如太空"公共汽车"，为人类进行外太空探索立下了汗马功劳。

人类在宇宙空间站中工作和生活，随时可能出现危险。比如，航天员

突发急症或飞船出现意外时，就需要航天员马上撤离空间站，返回地面。由于宇宙飞船体小质轻、成本较低，因此很适于长期停靠在空间站上用作救生艇。若用价值连城的航天飞机作救生艇长期停留在空间站上，则得不

"和平号"空间站

偿失。1984 年前苏联的"礼炮－7"空间站出现故障时，就是靠停靠在站上的联盟号飞船把两名宇航员紧急撤回地面的；1998 年开始建造的国际空间站也用"联盟－TM"飞船作为救生艇。

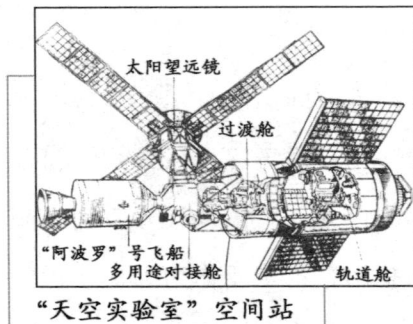

太阳望远镜
过渡舱
"阿波罗"号飞船
多用途对接舱
轨道舱
"天空实验室"空间站

因为飞船带有推进系统，能机动变轨，因而可以迅速降低高度进行侦察等军事活动。美国的"双子星座－7"飞船在轨飞行期间，飞船上的宇航员曾用红外遥感器监视和跟踪了一枚潜射导弹的发射，所获信息比潜艇上的观察人员报告得还要快。

目前，国外已经开始用宇宙飞船进行太空旅游了。自从美国加州

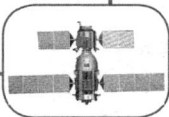

百万富翁丹尼斯·蒂托在2001年4月乘"联盟"－TM飞船登上国际空间站，成为第一位登上太空的旅行者之后，很多人都对太空之旅充满了期待。为此，俄罗斯Energia火箭航天公司表示，他们计划为未来的太空旅客提供为期一周的太空服务。旅客将可以乘坐俄罗斯的"联盟"号飞船前往太空参观。在飞船内，游客既能体验失重的感觉，又能透过舷窗博览群星，遥看美丽的地球。

此外，从目前和可预见的将来来看，未来的行星际载人飞行，将由飞船率先实现，而且可能是载人火星宇宙飞船。简言之，宇宙飞船无论在过去、现在还是将来，都是大有作为的。

丹尼斯·蒂托即将开始太空旅行

## 我国的"神舟"飞船

我国的"神舟"号是比较先进的载人飞船，已多次遨游太空。目前我国的"神舟"飞船系列已经有"神舟一号"、"神舟二号"、"神舟三号"、"神舟四号"、"神舟五号"、"神舟六号"、"神舟七号"。其中"神舟一号"到"神舟四号"都是无人飞船，本章主要讲这一部分。从"神舟五号"到"神舟七号"，都是载人飞船，而"神舟七号"更是载有三位航天员，并且是中国航天员第一次出舱行走。可以说，我国的"神舟飞船"系列正一步一个台阶地向更高的水平迈进。

# "神舟一号"：首探苍穹

"神舟一号"飞船由轨道舱（也叫工作舱）、返回舱（又称座舱）、推进舱（仪器舱）和一个过渡段组成。其中载人的轨道舱、返回舱可谓"一室一厅"。作为"一室"的返回舱是航天员在发射、返回和驾驶飞船时待的地方，作为"一厅"的轨道舱则是航天员工作和休息的场所。

为了增加航天员的活动空间，轨道舱被设置在返回舱的前面。轨道舱里面装有多种试验设备和试验仪器，可进行对地观测。其两侧装有可收放的大型太阳能电池翼、太阳敏感器和各种天线以及各种对接机构。

"神舟一号"飞船返回舱

返回舱是航天员乘坐的舱段，也是飞船的控制中心。返回舱位于飞船的中部，它不仅和其他舱段一样要承受起飞、上升和轨道运行段的各种应力和飞行环境，还要经受返回时再进入大气层阶段的减速过载和气动加热。返回舱是密闭结构，前端有舱门，供航天员进出轨道舱使用。

推进舱通常是安装推进系统、电源、气瓶和水箱等设备的部位。位置在返回舱后面，所起作用主要是保障和服务，即为飞船提供动力，

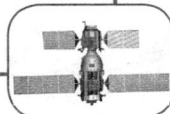

进行姿态控制、变轨和制动，并为航天员提供氧气和水。推进舱的两侧还装有 20 多平方米的主太阳能电池翼。过渡段则在飞船顶部，用于与其他航天器对接或进行空间探测。

在飞船顶部，还有一个 8 米高的逃逸救生塔，其上装有 10 台发动机。在发射飞船的火箭起飞前 900 秒到起飞后 160 秒期间（0～110 千米），如发生故障，它能载着返回舱和轨道舱与火箭分离，并落到安全地带，使飞船上的航天员转危为安。

逃逸救生塔

从外形来看，"神舟一号"飞船似乎比较简单，但它的内部构造却极其复杂，是由结构与机构、热控、制导导航与控制、推进、测控与通信、数据管理、电源、回收着陆、环境控制与生命保障、仪表与照明、应急救生、乘员、有效载荷 13 个分系统组成。位于飞船底部的推进舱，主管飞船的动力；位于飞船中部的核心舱段返回舱，是航天员升空、返回及生活工作的座舱，也是飞船的控制中心及与地面联络的通信中心；轨道舱的内部则安装了各种仪器，可用于科学试验及对地观测。13 个分系统按其功能分别密布在三个舱段中，共同承担着"神舟"飞船遨游太空的神圣使命。在如此庞大而复杂的系统工程中，必须做到环环相扣，哪一个分系统出现问题，哪怕是一个极其微小的毛病，都有可能造成无法挽回的损失。

"神舟"飞船返回舱是航天员的座舱和飞船中枢，位于飞船中部。

它的外形为钟形，外部用耐高温的复合材料制成，重约 3 吨，可载 3 名航天员。返回舱为密闭结构，上端有舱门，供航天员进出轨道舱使用，是飞船中唯一进入大气层再返回地面的着陆舱段。保证它的安全系数，就是为航天员进入太空后提供至关重要的生命保障。

## "神舟"飞船横空出世

经过工作人员的多重测试，船、箭、塔（逃逸塔）的联试终于过关。"神舟"飞船首次试飞只待择定发射日期，加注燃料后就可发射升空了。

"神舟一号"飞船原定于 1999 年 11 月 8 日至 12 日发射，但由于一些技术安全保障方面的原因，原定的发射日程向后延迟。当时，计算发射飞船的窗口时间就成为一个焦点。

飞船的发射，对发射时机有着比较特殊的要求。发射人员必须要选择一个适合发射飞船的时间范围，在这个时间范围内才可以将航天器发射出去。这个适合飞船发射的时间范围，专业术语叫"发射窗口"。根据发射时的天气、气象、天体活动情况和航天器执行任务的不同，发射的窗口时间也叫做发射窗口宽度，它有长有短，有的发射窗口时间长达几天，有的发射窗口只有几分钟的时间。

当时，中国空间技术研究院是负责计算"神舟一号"飞船发射窗口时间的机构。因为 11 月 15 日至 17 日有降温，高空风速又超过了45 米/秒，各种条件都不是很理想，而 18 日到 22 日之间，都有合适的

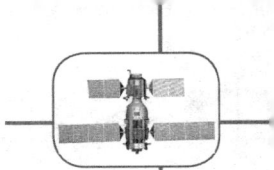

发射窗口时间。综合多方数据，最后发射时间敲定在 1999 年 11 月 20 日。

1999 年 11 月 20 日凌晨，酒泉卫星发射中心的发射场上，"神舟"飞船傲立在寒风之中。全部参试人员都肃穆地站立在"神舟一号"的脚下。寒风刮在脸上，冷冷的，刺得人的脸生疼。一个简短的动员大会就在"神舟一号"的脚下召开了。工作人员面对"神舟一号"郑重宣誓——"神舟"飞船，我们绝不会辜负你对我们的期望，绝不会辜负祖国和人民对我们的期望！

从载人航天工程立项到 1998 年运输试验开始，科研人员已经潜心研制了六年。经过无数个日日夜夜的努力，付出了数不清的汗水和辛劳，中国的"神舟"飞船终于要横空出世了！

"神舟"飞船是中华民族的娇儿，它刚刚出世，尚在褓襁中，就要告别我们去远行。

1964 年，中国第一颗原子弹爆炸成功，世界重新认识了中国；1970 年，中国第一颗人造卫星发射成功，中国进入了太空时代。现在，中国又拥有了自己的飞船，就要送它远行。"神舟"飞船，俯瞰神州。飞船只有腾空，才能展示它雄壮的力量。"神舟"飞船的成功发射与回收，将使我国成为继美国、前苏联之后第三个掌握载人航天技术的国家，这将成为我国航天史上的又一个里程碑。

此次发射选在甘肃酒泉卫星发射中心进行。为了进行载人飞船的发射，在发射场内新建了高达百米的发射塔。在发射塔上大型运载火箭和试验飞船第一次展向世人展露了它的雄姿。运载"神舟"飞船的

火箭是在"长征二号捆绑式"火箭基础上改进研制的"长征二号F"运载火箭。

"远望一号"测量船到达指定地点，各测量船、测量站准备完毕。

火箭系统燃料全部加注完毕，整流罩通风调温情况良好，各分系统进入发射前准备状态。

飞船系统燃料加注完毕，系统测试正常，8个分系统检查正常。

空军、海军、兰州军区、成都军区协调完毕，准备参加应急回收的伞兵部队已在机场待命。

巨大的船、箭、塔组合体像一个即将出征的勇士，静静地矗立在一望无际的西北大戈壁滩上，等待点火的庄严一刻。

飞船首次试飞，吸引了上万名参观者。人们不顾彻夜的寒冷，早早就在远处的戈壁滩上等候。

## "神舟一号"成功发射升空

"1分钟准备！"酒泉卫星发射中心指挥大厅里传来0号指挥员的声音，"10、9、8、7、6、5、4、3、2、1，点火！"

橘红色的火焰从火箭尾部急速喷射出来，伴随着震耳欲聋的巨大轰鸣声，火箭携带着"神舟一号"飞船迅速升空，呼啸而去。

发射场上，观看的人群发出激动人心的欢呼声。

程序转弯，火箭起飞12秒，一切正常。"逃逸塔分离！""助推器分离！""一级火箭分离！"调度员的声音回荡在空旷的发射场上。他每报告一个信息，发射场上都响起一片欢呼声。

"神舟一号"发射升空

突然，大屏幕下面的一组数据跳变不停。前方一个测控站传来的数据显示：火箭飞行速度急速下降。

专家席上的一排人齐刷刷地站起来，紧张地盯着大屏幕。首长席上，每个人都瞪大眼睛。指挥大厅里似乎能听见心跳的声音。

大家在焦急之中，等来了北京航天指挥控制中心的声音："船箭正常分离，火箭反推点火！"

火箭飞行约10分钟后，"神舟一号"与火箭分离，准确进入预定轨道。"神舟一号"入轨后，分布于地面测控站和身处太平洋、印度洋海域的"远望一号"、"远望二号"、"远望三号"和"远望四号"测量船接力式地对它进行跟踪测量，并把各项测量参数汇总到位于北京的指挥控制中心。地面各观测站在飞船飞行期间，还对飞船内部的生命保障、姿态控制系统进行充分的测试。在绕地球正常飞行了21小时后，地面指挥中心向飞船发出了姿态调整、轨道舱分离、反推发动机启动等一系列指令。21日凌晨3时，"神舟一号"顺利完成了返回

地球的准备工作，进入返回轨道。再入大气层后，"神舟一号"按预定指令依次打开引导伞、减速伞和主伞，徐徐下落。在接近地面时，主伞自动抛落，着陆缓冲发动机在距地面仅1.5米时点火，进一步减速，使飞船平稳安全地落地。着陆点在内蒙古中部地区。

## 中国的载人航天之门从此被叩开

"神舟一号"的平稳安全降落，标志着中国载人飞船的首次不载人轨道飞行试验获得圆满成功。这一壮举揭开了中国航天史的新篇章。虽然"神舟一号"只是一艘试验飞船，很多技术功能还尚未完善，但是它的完美返回对中国、对全世界的震动是巨大的，它打破了美国和前苏联在载人航天领域的垄断地位。中国的载人航天之门从此被叩开了。

此次发射第一次采用在技术厂房对飞船、火箭联合体垂直总装与测试，整体垂直运输至发射场，进行远距离测试发射控制的新模式。我国在原有的航天测控网基础上新建的符合国际标准体制的陆海基航天测控网，也在这次发射试验中首次投入使用。飞船在轨道运行期间，地面测控系统和分布于公海的4艘"远望号"测量船对其进行了跟踪与测控，成功进行了一系列科学试验。

"神舟一号"飞船的成功发射与回收，是我国航天史上的又一里程碑，标志着我国载人航天技术获得了新的重大突破，使我国载人航天事业的发展迈出了重要一步。

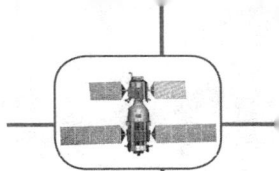

## "神舟一号"飞船信息表

| | |
|---|---|
| 发射时间 | 1999 年 11 月 20 日 6 时 30 分 7 秒 |
| 发射火箭 | 新型"长征二号 F"捆绑式火箭，这次发射，是长征系列运载火箭的第 59 次飞行，也是最近 3 年连续 17 次获得成功 |
| 飞船进入轨道所需飞行时间 | 火箭起飞约 10 分钟，飞船与火箭分离，进入预定轨道 |
| 返回时间 | 1999 年 11 月 21 日 3 时 41 分 |
| 发射地点 | 酒泉卫星发射中心 |
| 着陆地点 | 内蒙古自治区中部地区 |
| 飞行时间/圈数 | 21 小时 11 分/14 圈 |
| 搭载物品 | 一是旗类，中华人民共和国国旗、澳门特别行政区区旗、奥运会会旗等；二是各种邮票及纪念封；三是各 10 克左右的青椒、西瓜、玉米、大麦等农作物种子，此外还有甘草、板蓝根等中药材 |
| 技术应用 | 首次采用了在技术厂房对飞船、火箭联合体垂直总装与测试，整体垂直运输至发射场，进行远距离测试发射控制的新模式。我国在原有的航天测控网基础上新建的符合国际标准体制的陆海基航天测控网，也在这次发射试验中首次投入使用。飞船在轨道运行期间，地面测控系统和分布于公海的 4 艘"远望号"测量船对其进行了跟踪与测控，成功进行了一系列科学试验 |

"神舟一号"是一艘不载人的试验飞船。此次进行的是它的首次研制型飞行试验，主要目的是考核运载火箭的性能和可靠性。"神舟

一号"飞船落点偏差仅 11.2 千米，这一成果使我国成为继前苏联/俄罗斯、美国之后世界上第三个掌握返回可再控入技术的国家，为实施载人飞行计划奠定了坚实的技术基础。

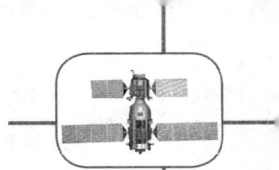

# "神舟二号"：搭载生理"假人"

"神舟二号"飞船于 2001 年 1 月 10 日在酒泉卫星发射中心发射升空，飞船返回舱在轨道上运行 7 天后成功返回地面。"神舟二号"飞船是我国第一艘正样无人飞船。飞船由轨道舱、返回舱和推进舱三个舱段组成。

与"神舟一号"试验飞船相比，"神舟二号"飞船的系统结构有了新的扩展，技术性能有了新的提高，飞船技术状态与载人飞船基本一致。

"神舟二号"飞船

## 第一位乘客是生理"假人"

航天员系统在"神舟二号"飞船上安装了仿真航天员——生理

"假人"。

太空的环境条件是十分严酷的，特别是轨道空间存在高真空、高辐射和微重力三项特殊因素，这些既是空间资源，但又对航天员造成了不利的生存环境。

在航天员正式进入太空之前，为了保障航天员的生命安全，需要研究各种太空环境因素，以及飞船升空和返回过程中对于航天员影响的生物医学效应，以便为飞船工程设计提出医学和工效学的要求，对航天员实施周全的飞行医监医保措施，配置航天员专用的医监医保设备。

为完善航天员环境控制与生命保障系统，国外载人飞船的相关试验一般是从搭载小动物开始来试验，而我国则采用了更先进的现代装置——模拟假人，用假人模拟航天员所消耗的氧气与二氧化碳，通过先进的地面医疗监测台测试"航天员"的生理信号变化。

中国早期发射的是"无人"飞船，虽然只在里面安放了一个假人，但假人却不是看起来那么简单，虽然不吃不喝，但各种"器官"基本上都有：模拟呼吸系统、心电图传输、模拟血压装置……对人体生存环境的各种因素基本上都测量到了。

假人体内安装的氧气置换系统，可以像真人一样呼吸，吸入氧气，排出二氧化碳。地面值守的航天医生通过电视图像、双向通话、舱载医监设备，可以连续监测假人的心电、呼吸、血压、体温等生理参数，这些数据通过测控系统传输给地面医监台，供航天医生分析判断。

# 全方位立体测控

"神舟二号"飞船发射升空后，进入了距地球表面高度近地点为200千米、远地点为340千米的椭圆轨道。按照预定计划，这时要进行变轨，将飞船调整到距地球表面340千米高的圆形轨道上。变轨能否成功，将影响飞船在轨飞行和准确返回预定着陆区。

此时，在北京航天指挥控制中心内，大型计算机按照技术人员的指令，高效地对各种数据进行综合处理，迅速生成了飞船变轨的实施步骤。当飞船飞行至远地点高度时，地面控制人员下达了变轨的指令，变轨指令通过相关测控站点的测控设备直接传给了飞船。在信号传输上，中国的设计人员采用了一种被称为透明传输的技术，它的采用，使得指令从发出到被飞船接收到只需要2秒钟时间。接到指令后，飞船上的发动机点火，在发动机的推力作用下，飞船成功地进入了圆形轨道。

"神舟二号"飞船在轨道上飞行31圈之后，在地球重力和气流阻力等多方面因素的综合影响，飞船轨道高度在飞行中逐渐出现衰减。这就需要通过控制飞船上发动机的点火时间和推力，使飞船始终保持在正确的轨道上飞行，这就是轨道维持。

控制和维持飞船的飞行轨道需要精确的轨道计算。地面发送的轨道控制数据如果出现毫厘之差，对在太空中飞行的飞船来说，调整后的轨道就有可能相差几十甚至上百千米。在北京航天指挥控制中心的

统一指挥和调度下，陆海基航天测控网负责实施首次轨道维持。西安卫星测控中心首次启用了最新研制建成的测控网网络管理系统，实现了测控资源的最优配置和测控设备的远程监控，大大提高了测控网的可靠性和有效性。12 日 20 时 24 分，进行轨道维持的控制数据指令向飞船发出。不久，从飞船上传回的数据表明，飞船已接收到指令并成功进行了轨道调整。这种轨道维持，在"神舟二号"飞船的飞行全过程中，进行了多次。

我国的载人航天测控网是一个庞大的系统，包括北京航天指挥控制中心、西安卫星测控中心、陆地测控站、海上测控船以及连接它们的通信网。中国航天测控网已具备国际联网共享测控资源的能力，测控技术达到了世界先进水平。

我国不仅在长春、厦门、闽西、渭南、南宁、喀什等地建有陆上固定测控站和两个活动测控站，还拥有"远望一号"、"远望二号"、"远望三号"、"远望四号"、"远望五号"和"远望六号"6 艘航天测控船。在"神舟"飞船运行期间，它们分别在太平洋、大西洋和印度洋布阵，执行境外对"神舟"的测控与通信任务。西安测控中心、各地的测控台站和测控船在北京航天指挥控制中心的指挥调度下，保证了"神舟"在上升段的测控通信覆盖率达到100%，完成了在轨运行和返回阶段重点弧段的测控通信，为飞行试验的圆满成功立下了汗马功劳。

当"神舟二号"飞船绕地球飞行第 107 圈，经过南大西洋上空时，在这里等待的"远望三号"远洋测量船会向飞船发出返回指令，

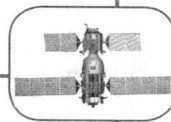

16 日 18 时 33 分，按预定计划，飞船飞临"远望三号"上空。舰载雷达天线稳稳地跟上了刚从海平面出现的"神舟二号"飞船。与此同时，船载其他各测量通信设备也按预定方案，准确及时地捕获跟踪目标，获取飞船各种有效数据。通过"远望三号"的遥控指令，飞船进行了姿态调整、舱体分离。此时从船上的显示屏中可以看到一个亮点正在向下方运动，这就是分离后的返回舱，它已从飞行姿态转为返回姿态并开始返回。

飞船在返回轨道上运行了大约 24 小时后，进入距地面 80 千米的大气层。此时，由于返回舱表面与大气层的剧烈摩擦产生的等离子层在飞船外围形成了电磁屏障，致使地面与飞船失去联系。但经过严格的轨道计

"神舟二号"在太空

算，技术人员可以估计出飞船的大致降落区域，地面搜寻人员早已等待在内蒙古中部的草原上。返回舱在落地后发出信号，让搜寻人员确定它的具体落点。此时，4 架直升机和 6 辆搜索车飞快赶向着陆点。

至此，中国载人航天工程的第二次飞行试验获得了圆满成功。

## "神舟二号"飞船参数表

| | |
|---|---|
| 发射时间 | 2001年1月10日1时0分3秒 |
| 发射火箭 | 新型"长征二号F"捆绑式火箭，此次发射是长征系列运载火箭第65次飞行，也是继1996年10以来中国航天发射连续第23次获得成功 |
| 飞船进入轨道所需飞行时间 | 飞船起飞13分钟后，进入预定轨道 |
| 返回时间 | 2001年1月16日19时22分 |
| 发射地点 | 酒泉卫星发射中心 |
| 着陆地点 | 内蒙古自治区中部地区 |
| 飞行时间/圈数 | 6天零18小时/108圈 |
| 试验项目 | 我国第一艘正样无人飞船。飞船由轨道舱、返回舱和推进舱三个舱段组成。与"神舟一号"试验飞船相比，"神舟二号"飞船的系统结构有了新的扩展，技术性能有了新的提高，飞船技术状态与载人飞船基本一致。据介绍，我国首次在飞船上进行了微重力环境下空间生命科学、空间材料、空间天文和物理等领域的试验，其中包括：进行半导体光电子材料、氧化物晶体、金属合金等多种材料的晶体生长；进行了蛋白质和其他生物大分子的空间晶体生长；开展了植物、动物、水生生物、微生物及离体细胞和细胞组织的空间环境效应试验等 |

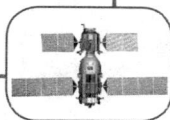

# 中国第一艘正样无人航天飞船

"神舟二号"是我国第一艘正样无人航天飞船，各方面的技术数据综合表明，飞船技术状态与载人飞船基本一致。按预定计划，"神舟二号"在太空完成了一系列空间科学和技术试验任务。

"神舟二号"发射升空

# "神舟三号"：完成空间科学试验任务

2002 年 3 月 25 日 22 时 15 分，我国在酒泉卫星发射中心成功发射了"神舟三号"飞船。在"神舟三号"飞船中，同样装有人体代谢模拟装置、拟人生理信号设备以及形体假人，能够定量模拟航天员在太空中的重要生理活动参数。此外，还首次进行了逃逸系统试验。逃逸系统可在火箭发射和升空阶段出现意外故障的紧急情况下，将飞船带离危险区域，确保航天员的生命安全。

与"神舟一号"、"神舟二号"飞船相比，"神舟三号"从外形和结构上并没有什么区别，所不同的只是在内部所做的一些改进。

发射"神舟三号"的厂房

具体来说，"神舟三号"飞船是由轨道舱、返回舱和推进舱三部

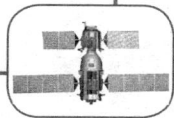

分组成。返回舱在飞船的中部，为密闭结构，其前端有舱门，供航天员进出轨道舱使用。其外形为大钝头倒锥体的钟形。

"神舟"号的返回舱容器是世界上已有的近地轨道飞船中最大的一个。返回舱是航天员的座舱，是飞船唯一可再入大气层返回着陆的舱段，舱内设置了可供三个航天员斜躺的座椅，座椅下方设有仪表盘和控制手柄、光学瞄准镜。

与前两艘"神舟"飞船一样，轨道舱也是位于飞船的前端，其外形为两端带有锥角的圆柱形，在其两侧装有可收放的大型太阳能电池阵、太阳敏感器和各种天线以及各种对接机构。轨道舱是航天员在轨道飞行期间的生活舱、试验舱和货舱。推进舱位于飞船的后部，形状像一个圆筒，主要用于飞船的姿态控制、变轨和制动。推进舱安装有四台大推力的主发动机和平移发动机，推进舱的两侧还装有 20 多平方米的主太阳能电池阵。

## 和日凌擦肩而过

2002 年 2 月 2 日，负责运输火箭的专列驶进了酒泉卫星发射场。由于准备工作比较充分，进场前各种问题都解决了，复查工作做得也认真细致，所以飞船与火箭的各项测试也非常顺利。春节还未到，火箭系统的单元测试就已经完成了。

船、箭、塔联合模拟测试先后进行三次，都顺利过关。2003 年 3 月 18 日，飞船和火箭完成了对接，等待转运至发射塔。按照载人航天

工程指挥部的计划，船、箭、塔联合体定于 20 日转运到发射塔，25 日准备发射。

"神舟三号"飞船发射窗口定下来时，与日凌中断赶到了一起。关于日凌中断，有必要做一下解释。我国春分、秋分前后，静止卫星处于太阳与地球之间，地面通信站对准卫星的同时，也对准了太阳，这就是平常所说的"日凌"。在日凌期间，强大的太阳噪声可能使卫星通信无法正常进行，这种现象就称为日凌中断。

"神舟三号"升空

一般来说，日凌中断不会持续太久，大概只有 5 分钟，只要不赶在测控站的覆盖范围内，就不会影响对"神舟三号"飞船的测控。但是，如果按照已经确定的发射时间，"远望三号"测量船却要和日凌

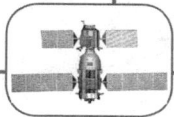

擦肩而过。"远望三号"测量船担负着飞船返回段的测控任务，要对飞船注入返回数据，如果在飞船返回时出现日凌中断，就可能失去控制，这可不是个小问题。戈壁滩的风大，春天尤甚，而发射窗口也受大风的影响。

日凌问题让基地的专家争论了好几天。算来算去，几个专家各有各的担心，有人怕万一通信中断，再建立时如果出现意外，或者信号受到干扰，将会对"神舟三号"飞船的发射试验带来很大的变数。经过专家们的多方论证，终于决定：25 日发射，时间推迟 5 分钟。

随着总指挥的下达命令："点火！""长征二号 F 捆绑式"火箭载着"神舟三号"飞船飞入太空，并顺利实现变轨，进入了预定轨道。这标志着"神舟三号"飞船发射成功！

## 归来的日子

4 月 1 日，是神舟三号飞船返回舱回归地球怀抱的日子。4 月的内蒙古草原空旷而沉寂。"神舟三号"飞船返回舱按照预定计划，在太空飞行 7 天后，即将返回地球。

4 月 1 日下午 4 点，离飞船着陆还有 50 分钟，地面搜索队准时到达着陆场。不一会儿，天空传来飞机的轰鸣声，4 架直升机按计划到达着陆场上空，它们将从 4 个方位跟踪和搜索穿过大气层并降落到地面的飞船。

地面上，数十辆新型测控设备车在两个高地上展开，各种跟踪测

"神舟三号"准确返回

量设备翘首以待，时刻准备捕获目标。地面搜索分队的车载仪器不断接收着来自北京指挥控制中心的信息。指挥人员密切监视着显示屏上的飞船飞行状态。一张立体搜索网在广阔的天地间悄然展开。"飞船调姿"、"轨道舱分离"、"制动开始"、"推进舱分离"、"再入大气层"，遍布各地的测控站和海上测控船依次发出了指令。

16 时 03 分，"神舟三号"飞船经过一系列的太空动作，脱离轨道，按照设计的轨迹，以惊人的速度与大气层剧烈摩擦，像一个火球般朝地球奔来。终于，飞船进入黑障区，地面与飞船通信暂时中断，飞船要在黑障区运行数分钟。

16 时 38 分，飞船降落主伞打开！只见在蓝天白云间出现了一个五彩的斑点，"神舟三号"张着巨大的降落伞向地面飘来。

"神舟三号"回来了！表皮被大气层烧灼成深褐色的返回舱平稳地降落在地面上。飞船一切正常，完好无损。

一个永载中国航天史册的时刻——2002 年 4 月 1 日 16 时 51 分，3 月 25 日我国从酒泉载人航天发射场发射升空的"神舟三号"飞船返回舱，在遨游太空 6 天 18 小时、在预定轨道上环绕地球运行 108 圈、巡天 540 余万公里后，准确降落在内蒙古中部地区，我国载人航天第三次飞行试验获得圆满成功！

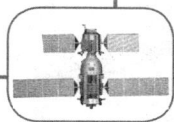

"神舟三号"飞船的轨道舱与返回舱在太空按计划正常分离后，轨道舱在太空正常运行了 180 多天，环绕地球飞行共 2821 圈，顺利完成了空间环境监测、大气成分监测、红外探测等一系列科学试验，获取了一大批有价值的科研数据。在轨道舱运行期间，北京航天指挥控制中心先后对其进行了几十次轨道维持和飞行模式控制，确保飞船轨道舱在不同飞行控制模式下，进行预定的各项载荷试验。

## 科学试验获得重要成果

"神舟三号"飞船归来之后，中国科学院的研究人员发现，在空间环境独特的微重力条件下，此次重点进行的空间生命与空间材料科学领域的相关试验，获得了在地面环境条件下无法取得的重要成果。

在"神舟三号"飞船上进行的空间生命科学研究，包括蛋白质和其他大分子的空间晶体生长试验以及生物细胞培养试验。飞船上装载有我国自行研制的第二代空间蛋白质结晶装置，具有两种不同的蛋白质结晶方法和双温控特点，所选用的 16 种蛋白质大部分是利用我国现有的生物资源制备的。经过飞行试验，研究人员在空间微重力环境中获得了结构完整的蛋白质晶体样品，这将有利于研究蛋白质结构与其特殊功能信息的关系。这些研究成果对于获取以至生产高纯、高效的生物制品和进行生物药品研制具有重要意义。

在生物细胞培养试验方面，专家们对具有制药前景的动植物细胞的空间培养方法，以及微重力对细胞生长增殖代谢合成和分泌生物活

性物质等方面进行了研究。用于本次试验的 4 个细胞样品中有两个样品可产生抗天花粉蛋白抗体和抗衣原体类性病的抗体。

此外，专家们还进行了多种材料的空间晶体生长和制备以及工艺方法的探索研究。如用于制造微波器件、微波集成电路和超高速集成电路关键电子材料的锑化镓晶体；用于制造红外探测器基底材料的碲锌镉晶体；用于光信息存储功能材料的氧化物激光晶体硅酸铋，以及其他在航空、航天领域具有重要应用前景的新型合金材料。对于这些空间材料的研究，有助于加深对材料制备过程物理本质的认识，指导和改进地面材料的制备工艺，具有潜在的重大经济效益。

## "神舟三号"飞船信息表

| 发射时间 | 2002 年 3 月 25 日 22 时 15 分 |
|---|---|
| 发射火箭 | 新型"长征二号 F 捆绑式"火箭，这次发射是长征系列运载火箭第 66 次飞行，自 1996 年 10 月以来，我国运载火箭发射已经连续 24 次获得成功 |
| 飞船进入轨道所需飞行时间 | 火箭点火升空 10 分钟后，飞船成功进入预定轨道 |
| 返回时间 | 2002 年 4 月 1 日 |
| 发射地点 | 酒泉卫星发射中心 |
| 着陆地点 | 内蒙古自治区中部地区 |

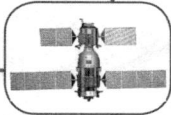

| | |
|---|---|
| 飞行时间/圈数 | 6 天零 18 小时/108 圈 |
| 搭载物品 | 处于休眠状态的乌鸡蛋；进行空间试验的有效载荷公用设备十项，44 件之多，包括：卷云探测仪、中分辨率成像光谱仪、地球辐射收支仪、太阳紫外线光谱监视仪器、太阳常数监测器、大气密度探测器、大气成分探测器、飞船轨道舱窗口组件、细胞生物反应器、多任务位空间晶体生长炉、空间蛋白质结晶装置、固体径迹探测器、微重力测量仪、有效载荷公用设备。据介绍，微重力测量仪、返回舱有效载荷公用设备是第三次参加飞船试验；空间蛋白质结晶装置、多任务位空间晶体生长炉和轨道舱有效载荷公用设备是第二次参加飞船试验；其余设备均是首次在太空做试验 |
| 试验项目 | "神舟三号"是一艘正样无人飞船，飞船技术状态与载人状态完全一致。这次发射试验，运载火箭、飞船和测控发射系统进一步完善，提高了载人航天的安全性和可靠性。飞船上装有人体代谢模拟装置、拟人生理信号设备以及形体假人，能够定量模拟航天员在太空中的重要生理活动参数。<br><br>这次发射，逃逸救生系统也进行了工作。这个系统是在应急情况下确保航天员安全的主要措施。飞船拟人载荷提供的生理信号和代谢指标正常，验证了与载人航天直接相关的座舱内环境控制和生命保障系统 |

# "神舟四号"：最接近载人状态的飞船

2002 年 12 月 30 日 0 时 40 分，我国自行研制的"神舟四号"无人飞船在酒泉卫星发射中心发射升空并成功进入预定轨道。这是我国载人航天工程的第四次飞行试验。

## 按照正式载人飞行的要求

2002 年 12 月 30 日凌晨，酒泉载人航天发射场上空星空灿烂。高 100 多米的飞船发射塔旁，矗立着"长征二号 F 捆绑式"大推力运载火箭，火箭的顶部托举着"神舟四号"飞船。0 时 40 分，震天巨响中，火箭腾空而起，疾速飞向太空，火箭尾部喷射出的长长烈焰，在夜幕长空划下一道绚丽的彩虹。

"神舟四号"发射升空

十几分钟后，"神舟四号"飞船成功进入预定轨道。"神舟四号"飞船的发射成功，标志着我国载人航天事业取得了新进展，向实现载人飞行又迈出了重要一步。

这次发射和飞行试验是严格按照正式载人飞行的要求进行的。不仅设立了若干陆上应急救生区和海上应急救生区，救护人员也全部到

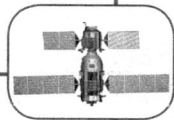

位并进行了有关演练。飞船在轨飞行期间，在北京航天指挥控制中心的统一调度下，有关测控站和"远望号"远洋测量船，将对飞船进行持续跟踪、测量和控制。

另外，此次运载发射"神舟四号"飞船，是长征系列运载火箭的第 69 次飞行，也是自 1996 年 10 月以来，我国航天发射连续第 27 次获得成功。

飞船发射场是已经相对成熟和完善的酒泉卫星发射中心，这里建有完善的发射测量、控制、通信、指挥系统和适应航天员需要的设备设施，以及备份着陆场和应急救生医疗中心。

这一切，都是严格按照正式载人飞行的要求来配备和演练的。

## 模拟航天员升空

"神舟四号"飞船的"身体"状态与前两艘飞船基本一样，由推进舱、返回舱和轨道舱及轨道舱前端的附加段组成，并由"长征二号F"运载火箭发射。飞船进入远地点 343 千米、近地点 200 千米的椭圆轨道，飞行 5 圈（每圈约 90 分钟）后进行变轨，然后开始在距地 343 千米圆轨道上自主飞行 7 天，共 108 圈。

据相关专家透露，"神舟四号"上的"乘客"和"神舟三号"上的是同一个"人"，是一个利用仿真技术做成的高仿真模拟人，包括头、躯干、四肢等 14 个部分。"他"体重 70 千克，身体每一部分的形状与真人基本一致。当"他"被安装在飞船座椅上时，其姿态能够与

"神舟四号"飞船

载人姿态保持一致。"他"可以模拟航天员在太空生活时的脉搏、心跳、呼吸、饮食和排泄等多种重要生理活动,并随时受到地面指挥中心的监控。

与"神舟三号"飞船相对比,"神舟四号"飞船的生命保障系统及相关的试验条件更为完备。太空辐射是对航天员安全的最大威胁,"神舟四号"为航天员的太空卧室装配了绝对防辐射的设施。飞船上安装了自动和手动两套应急救生装置,无论是在轨飞行中还是在返回时发生意外,飞船上的救生系统会自动启动;万一自动装置出现故障,船上的手动系统完全可以"抵挡",航天员绝不会坐以待毙。

飞船的返回舱也非常神奇,它返回地面后,即便不能马上被发现,舱内为航天员配备的救生物品也足以保证航天员在陆上生存48小时、海上生存24小时。返回舱里还有一套气囊,一旦落入水中,3吨重的返回舱也不会沉入水底,而会漂在水面,等待救援。

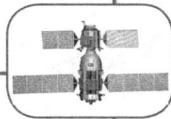

# 特殊"乘客"体验太空游

因为机会难得，此次"神舟四号"上照例有一批特殊"乘客"幸运地获准搭乘飞船体验太空游。据介绍，在这些"乘客"中，也有"正选"和"候补"之分。所谓"正选"，是指飞船上的有效载荷部分，共有52件科研设备随船进行科学试验；所谓"候补"，则是指为了补足飞船返回舱内额定重量而附加的部分搭载试验品。

"正选"的52件科研设备跟随"神舟四号"飞船开展了微波遥感对地探测、空间环境综合监测和生物技术研究试验等科学研究。

对地探测是"神舟四号"应用系统科学试验中最重要的一项任务，也是"神舟四号"试验设备中的"主载荷"。通过微波遥感器这只"千里眼"，地面降水、土壤水分、海面温度、海面风速等信息指标就尽在掌握之中。

空间环境综合监测是研究空间环境及其变化，以确保航天器和在不久的将来载人时航天员的安全。这是"神舟四号"空间科学试验的一个重要任务。

生物技术试验空间环境特有的微重力、高能辐射是新型药物的天然"梦工厂"，通过试验，科学家们能了解在地面环境下不可获知的一些生命本质特征，从而进一步揭示生命的奥秘。细胞培养仍是本次试验的代表。

"候补"乘客主要来自空间技术育种研究中心。小麦、水稻、杨

树、葡萄、牡丹、青椒、西红柿等植物的种子一同随"神舟四号"遨游太空 7 天。

## 一次近乎完美的回归

2003 年 1 月 5 日，经过 6 天零 18 小时的飞行，"神舟四号"飞船即将回归。

2003 年 1 月 5 日，内蒙古草原中部一个茫茫无边的戈壁滩——中国北部最寒冷的地区之一。夜幕已降临，西北风呼啸着，气温已经降至零下 29 摄氏度。

忽然，一连串清晰而响亮的报告声在前置雷达站的调度指挥车里响起：

"飞船调姿！"

"轨道舱分离！"

"制动开始！"

"推进舱分离！"

一次次的报告紧紧牵动着每个测控站、测量船、前置调度指挥车里的人们甚至全国人民的神经。

"进入大气层！"监测员再次报告发现。

"各回收队注意，各回收队注意！飞船已经进入大气层，请各分队准备好开始搜索工作！"指挥员庄严地发出了命令。

"轰轰！"

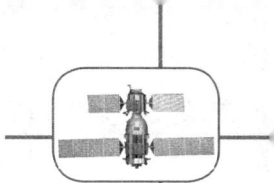

巨大的声响响彻天空。

"距地面——100千米！"

监测员声音又一次响起。昏暗的天空中，一个巨大的、闪着光的火球风驰电掣般滑落。

巨大的屏幕，火光与暗夜鲜明的对比震撼着现场每一个人的心。

"80千米——啊！信息不稳——"

"信息中断！"

监测员的声音一响起，霎时，偌大一个大厅像是失去了一切的活力，深深地陷入了一种罕见的寂静。

时间：1秒、2秒……

"发现目标！回收一号发现目标！"

激昂的报告声终于再次在人们耳边响起。短短的几分钟，像是刚刚经历了一场马拉松赛一样，每个人都忍不住长长地舒了口气。飞船终于又一次安全地越过了"黑障区"。

虽然已经经历过多次的回收试验和实践，但每个人都清楚地知道，一旦飞船进入大气层，就会在飞速下滑的同时与大气层发生猛烈摩擦，不仅会引起飞船表层的剧烈燃烧，而且由于产生的

"神舟四号"返回

等离子层会形成电磁屏，在这个时候，飞船和地面的通信是不可能继

续的。如果飞船真的在这个时候出现任何问题，那么在如此短的时间里、在如此遥远的距离里，所有的地面系统是无法采取任何挽救措施的。

飞船依然在急速下落。"回收2号发现目标！"当飞船距地面30多千米时，2号测量站的雷达终于也稳稳地锁定了目标。

2003年1月5日，中国的"神舟四号"航天飞船终于凯旋。

"神舟四号"着陆点距离理论落区的中心点约10千米，落点达到了近乎完美的程度。中国人用事实向全世界证明：中国的"神舟"飞船完全攻克了精确降落的技术难关。

### "神舟四号"飞船信息表

| | |
|---|---|
| 发射时间 | 2002年12月30日0时40分 |
| 发射火箭 | 新型"长征二号F捆绑式"火箭，此次是长征系列运载火箭的第69次飞行，也是自1996年10月以来，我国航天发射连续第27次获得成功 |
| 飞船进入轨道所需飞行时间 | 火箭点火升空十几分钟后，飞船成功进入预定轨道 |
| 返回时间 | 2003年1月5日19时16分 |
| 发射地点 | 酒泉卫星发射中心 |

| | |
|---|---|
| 着陆地点 | 内蒙古自治区中部地区 |
| 飞行时间/圈数 | 6 天零 18 小时/108 圈 |
| 搭载物品 | 除了大气成分探测器等 19 件设备已经参加过此前的飞行试验外，其他的空间细胞电融合仪等 33 件科研设备都将是首次"上天"。一场筹备了 10 年之久的两对"细胞太空婚礼"也将在飞船上举行。一对动物细胞"新人"是 B 淋巴细胞和骨髓瘤细胞，另一对是植物细胞"新人"——黄花烟草原生质体和革新一号烟草原生质体。专家介绍说，在微重力条件下，细胞在融合液中的重力沉降现象将消失，更有利于细胞间进行配对与融合这些"亲热举动"，此项研究将为空间制药探索新方法 |

# 知识大搜索

## 中国发射载人飞船为什么选在冬天和晚上

航天发射是一项庞大的系统工程。飞船上天后，要由航天测控网对飞船实施测控管理和回收。这个测控网是由多个陆基的国内测控站、国外测控站和四艘"远望号"远洋航天测量船组成。在对飞船实施测控的过程中，他们同时分布在太平洋、印度洋和大西洋的预定海域。

除了"远望一号"，其他三艘测量船的任务海域都在纬度相对较高的南半球。那里的海况在南半球的春夏季节要好一些，秋冬季节则极为恶劣，不要说在海上执行测控任务，就是正常航行都难保安全。为此，"神舟"号飞船的发射时机就选择在与南半球相反的秋冬季节。

"神舟"飞船的发射之所以选在夜晚而不是白天，是因为在漆黑的夜空中，火箭所喷射的火焰非常显眼和突出。当飞船发射升空时，地面的光学跟踪测量设备更容易捕捉到目标。

## 飞船着陆场为何选在内蒙古中部

根据飞船运行轨道的特点，着陆场必须具备四个条件：一是飞船

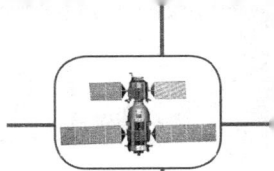

将从这个地区上空多圈次通过；二是场地要开阔；三是地势要平缓，地表要足够坚硬；四是天气状况要好。内蒙古中部地区属沙质草地，地势平坦开阔，区内没有大河，为中温带大陆气候，全年干燥，少雨多风，能见度高。当地人烟稀少，平均每平方千米不超过 10 人。因此，"神舟"飞船的主着陆场选在了内蒙古草原上。

# 第三章　"神舟五号"——首次载人

## 载人飞船是发展载人航天技术的第一步

在 20 世纪，世界上只有两个国家研制成功并多次发射了载人飞船，它们分别是前苏联和美国。这两个国家的载人飞船由于受各自国家的政治、经济、科学与技术的制约，所执行的任务和所要完成的使命也是不同的。

美国的第一个载人航天计划称为"水星计划"，是将一艘载人飞船发射到绕地球运行的轨道，研究人在空间的生存和工作能力，并且把人和飞船回收。

第二个载人航天计划"双子星座"，则是为阿波

"神舟五号"飞船

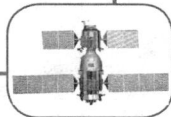

罗登月计划作技术准备。该次任务包括完成长达两周时间的轨道飞行，即阿波罗登月旅行所需的最长时间；实现空间轨道交会和空间对接的技术以及机动飞行；发展和练习操纵飞船准确降落和回收等技术；进行科学、医学和军事技术试验；给宇航员和地面工作人员提供实际的飞行训练机会，使他们掌握阿波罗登月所必需的技术。

美国阿波罗号载人飞船的任务是充当空间站的天地往返运输器及空间站的轨道救生艇，并实现载人登月飞行。

"联盟 TMA" 飞船

前苏联俄罗斯发射了东方号、上升号、联盟号、联盟 T 号、联盟 TM 号、联盟 TMA 号载人飞船。东方号载人飞船的任务是突破载人飞船的基本技术；上升号的任务是掌握出舱活动技术；联盟号的主要任务是掌握交会对接技术；1971 年经过改装的联盟 T 号作为运输飞船运送宇航员到空间站工作，并在空间站期间作轨道救生艇用；联盟 TM 号飞船主要承担向和平号空间站运送宇航员的任务，创造了飞船作为

空间站宇航员天地往返运输系统使用时间最长的纪录。21 世纪初，俄罗斯研制出联盟 TMA 飞船，作为国际空间站宇航员天地往返的运输工具。

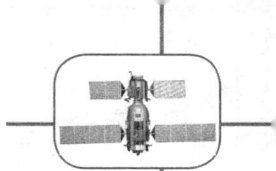

# 一切为了载人安全

对于那些亲手缔造"神箭"、"神舟"的航天人来说，载人飞行也是在实现自己为之奋斗几十年的梦想。然而，实现这个梦想的征程并不轻松，越是临近发射关头，人的压力越是巨大。载人发射，能否保证发射顺利，能否保证飞行顺利，能否保证航天员平安返回地面，这对航天科技工作者是一次巨大的考验。前面已有四艘飞船成功飞行的基础，再次发射能不能成功，关键在于火箭和飞船的质量。质量过硬，才是确保成功的基础。

2003 年初，在为"神舟五号"飞船研制工作召开的会议上，提出了"要把着眼点放在研究'航天员安全'这一课题上来，重点解决舱内有害气体超标和着陆冲击这两个专题，以进一步提高飞船的可靠性和安全性"。

着陆冲击试验已经做了数十次，但还是有不放心之处。2003 年 6 月，在飞船着陆冲击已有较高可靠性的基础上，专家建议和支持研制更好、更安全的着陆缓冲机构，为航天员安全返回地面创造一个完美的瞬间。

质量是生命线，这在航空航天这样的高精尖领域，质量更是非同小可，任何一个细小环节的疏漏，都可能会导致火箭、卫星、飞船的整体发射失败，影响与损失都将是巨大的。

"神舟五号"飞船发射之前，工作人员对首飞航天员杨利伟说：

神
舟
家
族
史
及
未
来
展
望

"你放心，为了确保这次飞行万无一失，航天科技工作者以零缺陷、零故障的标准打造送你上天的火箭和飞船，经过无数次检测和评审，证明这枚火箭和这艘飞船是质量最好的产品，它们一定能够胜任中华民族梦圆飞天的使命。"

2003 年 9 月 16 日，在酒泉卫星发射中心的垂直测试厂房，胀环式缓冲杆正式替换了拉刀式缓冲杆。

10 月 11 日，"神舟五号"飞船完成燃料加注，飞船、火箭、逃逸塔组合体垂直转运到发射场。

所有准备工作已就绪，只等火箭加注燃料，飞船就可以起飞了。

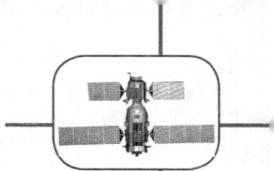

# 致航天员的一封信

在《飞天快报》中，刊载过由"神舟五号"飞船发射试验大队全体队员签名的致航天员的一封信。2003年10月15日，杨利伟乘坐"神舟五号"飞船起飞时，这封《致航天员的一封信》上密密麻麻签满了500多个名字。这封寄托着发射试验队全体队员渴盼与祝福的信件，就放在他身后支架上的一个飞行文件夹里。

亲爱的航天员同志：

在这金秋时节，当您携带着祖国和人民的重托，登上由我们中国人设计和制造的"神舟"飞船出征太空之际，请接受我们——中国航天科技集团公司执行首次载人航天飞行任务的500多名队员，并代表10万航天员工，向您致以最崇高的敬意和最诚挚的问候！

古往今来，遥望星空，炎黄子孙做了多少飞天梦。我们的祖先凭着丰富的想象力，编织了一个又一个美丽的神话故事。敦煌莫高窟，汇集着千年的飞天梦想；"嫦娥奔月"的美丽传说，唤起了先辈探索宇宙的豪迈热情；"万户飞天"的勇敢尝试，揭开了人类征服太空的序幕。

人类探索宇宙、飞向太空的脚步从来就没有停止过。直到上世纪60年代初，人类第一个航天员加加林终于挣脱了地球的引力，首先遨游太空。中国作为"飞天"的故乡，一直致力于发展载人航天，因为这是一个国家综合国力的象征，也是一个国家高科技实力的体现。党

中央英明决策，载人航天工程应运而生。我们研制了"神舟"和"神箭"，您光荣地成为中国第一位遨游太空的航天员。

从承担载人航天工程第一天起，我们就把神圣使命牢牢铭刻在心中。深知自己肩上的担子有多重。十余年来，在设计室，在车间，在发射场，我们度过了许多难忘的日日夜夜，做了无数次地面试验，就是为了火箭和飞船的万无一失。

亲爱的航天员同志，我们虽然岗位不同，职责不同，但我们所肩负的责任和使命相同，为实现中华民族伟大复兴的目标相同，为共同圆一个古老的飞天梦梦想相同。

请您相信，500 颗心与您心心相连，500 颗心将伴随您一同遨游太空；请您放心，我们一定以实际行动实践庄严的承诺，确保"神箭"准确入轨，确保"神舟"正常运行，确保您安全返回。

我们为您祝福，当您安全返回祖国母亲怀抱的时候，祖国人民一定会用最隆重的礼节欢迎您——载誉归来的民族英雄！

中国航天科技集团公司

首次载人航天飞行任务大队

全体队员

2003 年 8 月 24 日

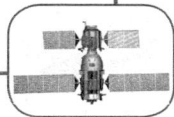

# 准备完毕，奉命出征

2003 年 10 月 15 日，首次载人航天飞行的神圣时刻终于来临。第五发"长征二号 F"运载火箭，载着我国首次载人航天的神舟五号飞船，竖立在酒泉载人航天发射场 100 多米高的巨型发射塔架上。60 多米高的发射塔架，承载着中华民族千百年来的飞天梦想。一条长长的铁轨从总装厂房向塔架延伸。

问天阁

航天员出征仪式将在问天阁举行。问天阁是航天员的宿舍，这是一座神秘的两层小楼，被弧形的加厚玻璃隔成里外两间的大厅约 100 多平方米。航天员住所的装修相当于三星级宾馆：一间约 30 平方米的公用客厅，三间带有独立卫生间的卧室。这样三室一厅的房子一共四

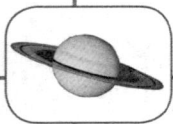

套，供 12 名航天员居住，两名教练并不住在这里。航天员出征前将从这里登上专列。

10 月 14 日 17 时 29 分，首飞航天员梯队与记者见面。由杨利伟、翟志刚和聂海胜三人组成的航天首飞梯队已经组成。

10 月 15 日 5 时 20 分，航天员出征仪式在问天阁举行。

10 月 15 日 5 时 28 分，在航天员出征仪式上，中共中央总书记、国家主席胡锦涛亲临送行："神舟五号马上就要发射了，这是你们盼望已久的时刻，也是全国各族人民盼望已久的庄严时刻。一会儿，杨利伟同志就要作为我国第一个探索太空的勇士出征，就要肩负着祖国和人民的重托去实现中华民族的千年梦想。相信你一定会沉着冷静、坚毅果敢，圆满完成这一光荣而又神圣的使命。我们等待着你胜利归来。"

身穿乳白色航天服的首飞航天员杨利伟庄严宣誓："请胡总书记放心，请全国人民放心。我一定不辜负胡总书记和全国人民的期望，圆满完成载人航天首飞任务！"

问天阁里响起一片热烈的掌声。

杨利伟又向载人航天工程总指挥李继耐报告："总指挥同志，我奉命执行中国首次载人航天飞行任务，准备完毕，待命出征，请指示。中国航天员大队航天员杨利伟。"

"可以出发，祖国和人民等待着你胜利凯旋！"李继耐庄重地下达命令。

"是！"杨利伟回敬一个标准的军礼。随后，他和翟志刚、聂海胜

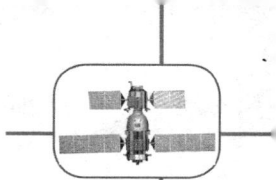

相互握手，拥抱告别，并向欢送的人群挥手致意。随着《歌唱祖国》乐曲响起，广场上顿时歌声嘹亮。

10月15日5时39分，在5辆摩托车的护送下，杨利伟乘专车驶向发射塔架。此时，天很冷，温度约是0摄氏度；天空很蓝，空中没有一丝云彩；风速约为1米/秒，是一个适合发射的好天气。

# "我是神舟五号"

2003年10月15日5时58分。载人航天发射场，飞船轨道舱门前。在两名护卫人员的陪同下，杨利伟前往飞船轨道舱舱门前，身穿不同服装的工作人员在杨利伟来到之前就已经把一块深蓝色的布铺在地上，在中间放一把椅子。

6时05分。杨利伟在椅子上坐了下来，马上有工作人员上前帮杨利伟紧了紧鞋子。

6时15分。神舟报告，飞船舱内准备完毕，"神舟五号"可以进舱。振奋人心的口令声穿过茫茫太空传向北京指挥控制中心，传向游弋在浩瀚大洋的"远望号"测量船队，传向每一个炎黄子孙的心中。

6时25分。杨利伟在返回舱状态确认单上郑重地签下自己的名字，然后进行诸如连接生理信号插头、供氧和通风软管，打开航天服通风机等一系列动作。

6时30分。指挥大厅里传来"北京，我是神舟五号，我听你的声音很好"的报告，证明大回路天地话音工作正常。在显示屏上，清晰地显示杨利伟仰卧在座椅上神情自若地对照飞行手册，有条不紊地进行状态设置，航天服左臂上的五星红旗图案格外醒目。此刻，载人航天从发射场到着陆场，从陆上到海上七大系统数以万计的科研大军正在紧张忙碌，精心布阵的陆海基测控网正耐心等待着。

10月15日8点30分，喇叭里发出"30分钟准备"的指令，火箭

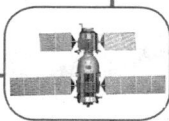

发射前30分钟的准备工作开始了。航天员杨利伟乘坐电梯登上发射塔，进入飞船返回舱。

杨利伟神情镇定地向在场的工作人员挥手道别，然后熟练地进入飞船舱内，开始进行飞行前的各项准备。对于身穿厚厚航天服的杨利伟来说，熟练进入飞船其实是一项协作行动，因为飞船舱的舱口直径只有1米左右，没有外人帮助是难以独自进舱的，在前后两名工作人员的帮助下，他才顺利地进入舱内。

10月15日8点45分，火箭和飞船各仪器开始由地面供电转向火箭和飞船自身供电，控制发动机摆动的伺服机打开，火箭和飞船做好了一切准备，处于待发状态。航天员杨利伟神态自若，坐在飞船返回舱内等待神圣时刻的到来。

10月15日8点55分，"5分钟准备。"航天员关上了天窗，整装待发。

10月15日8点59分，"1分钟准备。"全国各地的测量跟踪站转入跟踪测量状态，火箭准备起飞了，倒计时开始："10，9，8，7，6，5，4，3，2，1，点火！"

10月15日9时0分，"神箭"尾部喷出一团橘红色的烈焰，随着震天的轰鸣声，"长征二号F"运载火箭载着"神舟五号"飞船拔地而起，划过天空，直飞苍穹，为我国第一位航天员叩开了进入太空的大门。

10月15日9时10分，船箭分离。

10月15日9时10分，"神舟五号"飞船准确进入预定轨道。

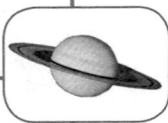

10 月 15 日 9 时 31 分，停泊在南太平洋的"远望号"测量船捕获飞船信息，"神舟五号"飞船的舱内图像清晰地显示在北京指挥控制中心的大屏幕上，杨利伟的声音在大厅中响起。医学监督医生询问杨利伟的身体反应，报告他当时的血压、心跳和呼吸频率，他显得相当沉稳："我感觉良好。"

10 月 15 日 9 时 42 分，载人航天工程总指挥李继耐宣布："神舟五号"载人飞船发射成功。

"神舟五号"发射

# "我看到美丽的太空了"

飞船起飞了，飞向了太空。从飞船的舷窗往外望去，杨利伟看到了美丽而深邃的太空。他激动地告诉大家："我看到美丽的太空了。"

飞船进入预定轨道的时候，杨利伟感觉到身体似乎要飘起来一样。他清醒地意识到，飞船已经脱离地球引力，来到了太空。在他还来不及体验失重的奇妙感受，就觉得好像头朝下脚朝上，十分难受。他意识到这是在太空失重状态下出现的一种错觉，如果不及时克服，就很可能诱发"空间运动病"，影响任务的完成。他运用平时训练的方法，凭着顽强的意志，强迫自己在意识上去对抗和战胜这种错觉，很快就调整过来，恢复了正常。

10月15日10时，杨利伟正在环绕地球飞行第1圈，舱内一切正常，杨利伟得到指令，打开面罩，拿起了手册和笔。随后，他向全体中国人展示了太空中的奇妙景象——他一松开手，笔立即漂浮了起来。看着这一幕，杨利伟微微一笑。

飞船在飞行。舷窗外，阳光把飞船太阳能帆板照得格外明亮，下面就是人类的美丽家园。蔚蓝色的地球披着淡淡的云层，长长的海岸线在大陆和海洋间清晰可辨。

飞船环绕着地球高速飞行，一会儿是白天，一会儿是黑夜。黑白交替之间，地球边缘仿佛镶了一道漂亮的金边，景色十分迷人。杨利伟拿起摄像机，赶紧把这壮观的景色拍摄下来。

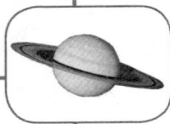

10月15日10时31分，"神舟五号"飞船进入喀什测控站检测区，杨利伟再次接到地面指令。他麻利地摘下手套，解开系在膝盖下方的束缚带。这时，他绕地球第1圈的飞行已经接近尾声。接着，他坐了起来，由卧姿改为坐姿，开始绕地球飞行第2圈，并通过圆形舷窗向外观测。

10月15日11点08分，杨利伟开始在太空中进餐。他首先从旁边取出一个食品包装袋，一边看书，一边捏挤，很利落地将食物送进口中。

这可是中国人第一次在太空中吃饭。这顿"午饭"颇具中国特色，据说味道极佳，包括八宝饭、鱼香肉丝、宫保鸡丁和用中药及滋补品制成的饮料等等。

10月15日11时12分至14时15分，航天员杨利伟进行太空飞行中的首次休息，睡了差不多3个小时。

10月15日13点02分，北京航天指控中心指挥大厅大屏幕上显示的信息是，"神舟五号"飞船正在进行第3圈飞行。

10月15日13时39分，"神舟五号"飞船进入围绕地球飞行第4圈。北京航天指控中心指挥大厅大屏幕上显示，航天员杨利伟呈仰卧姿态，正在记录飞行日志。

10月15日15时28分，"神舟五号"飞船进入第5圈飞行。

10月15日15时57分，航天员杨利伟的报告和地面监测表明，飞船变轨获得圆满成功。

10月15日16时50分，"神舟五号"飞船进入第6圈飞行。

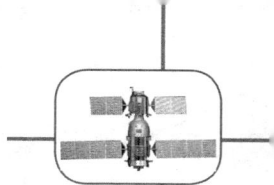

10 月 15 日 17 时 05 分，杨利伟隔着舷窗，拍摄到第一幅属于中国人自己的地球画面。北京航天指控中心指挥大厅的大屏幕上显示出清晰的画面。

10 月 15 日 17 时 30 分，中央军委副主席、国防部长曹刚川在北京航天指挥控制中心指挥大厅与正在太空飞行的"神舟五号"飞船航天员杨利伟开始进行实时通话。

曹刚川："你辛苦了，你现在感觉怎么样？"

杨利伟："感觉良好，谢谢首长关心。"

曹刚川："现在，我在北京航天指挥控制中心与你通话。目前各系统工作正常，着陆场准备工作已经就绪，飞船将按计划实施返回。在此，我代表党中央、国务院和中央军委，代表江泽民主席，向你表示诚挚的问候！对你为我国航天事业作出的巨大贡献，表示衷心的感谢！希望你再接再厉，精心操作，把预定的各项工作完成好，祖国和人民期待着你凯旋。"

杨利伟的话音清晰地回响在指挥大厅："请首长放心，我一定努力工作，把后续工作完成好，向祖国和人民交一份满意的答卷。"

10 月 15 日 18 时 24 分，"神舟五号"飞船进入第 7 圈飞行。

10 月 15 日 18 时 40 分。"神舟五号"运行到第 7 圈，杨利伟在太空中展示中国国旗和联合国旗。他在距地面 343 千米远的太空中说："向世界各国人民问好，向在太空中工作的同行们问好，感谢全国人民的关怀。"杨利伟精神状态良好，舱内工作正常。

10 月 15 日 19 时 57 分，"神舟五号"飞船飞行进入第 8 圈。

10 月 15 日 19 时 59 分，正在太空飞行的航天员杨利伟与他的父母妻儿进行天地对话。

杨利伟与家人天地对话

妻子张玉梅："利伟。"

杨利伟："是我。"

张玉梅："感觉好吗?"

杨利伟："感觉非常好，放心吧。"

张玉梅："在太空看地球是不是很美呀?"

杨利伟："景色非常美!"

张玉梅："我们看到你了，我们都为你感到骄傲。爸爸、妈妈和孩子都来了，我们期待你归来，明天我们去机场接你，迎接你凯旋。"

杨利伟："谢谢你的支持和鼓励!"

儿子杨宁康："爸爸，祝你一切顺利!"

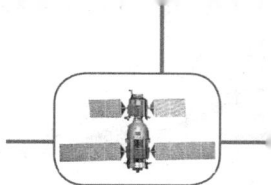

杨利伟："谢谢，好儿子！"

杨宁康："爸爸，你吃饭了没有？你吃的是什么？"

杨利伟："吃过了，我吃的是航天食品。"

杨宁康："你感觉航天食品怎么样？"

杨利伟："味道好极了！"

杨宁康："你看到什么了？"

杨利伟："我看到咱们美丽的家了，非常好！"

张玉梅："你记航天日记吗？"

杨利伟："记了。"

杨宁康："你记的什么呀？"

杨利伟："我看到的都记下来了。"

杨宁康："天上感觉怎么样？"

杨利伟："感觉非常好，环境也非常好。"

张玉梅："你的身体好吗？"

杨利伟："身体很好。"

张玉梅："明天见。"

杨宁康："明天见。"

杨利伟："明天见。"

10 月 15 日 21 时 31 分，"神舟五号"飞船进入第 9 圈飞行。

10 月 15 日 23 时 08 分，"神舟五号"飞船进入第 10 圈飞行。

10 月 16 日 0 时 18 分，当午夜的钟声敲响，"神舟五号"飞船正在绕地球进行第 11 圈飞行。此刻，航天员杨利伟已在静谧的太空中进

入梦乡。

10 月 16 日 1 时 17 分，"神舟五号"飞船飞行进入第 12 圈。测控点向北京航天指控中心报告飞船跟踪正常。

10 月 16 日 2 时 52 分，"神舟五号"飞船飞行进入第 13 圈。航天员杨利伟向地面指挥人员汇报身体感觉良好。

10 月 16 日 4 时 19 分，"神舟五号"飞船飞行进入第 14 圈。按照既定计划，飞船在环绕地球运行 14 圈后，将在预定地区着陆。

"神舟五号"在太空

10 月 16 日 4 点 34 分，"神舟五号"飞船第 13 次飞越祖国上空！飞船飞行情况一切正常，地面指挥中心、各地监控站点工作正常。航

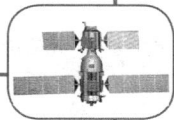

天员杨利伟开始进行飞船着陆的准备工作。

　　10月16日5时04分，当围绕地球运行了14圈的"神舟五号"载人飞船飞越南大西洋海域上空时，已经在这里待命10天的"远望三号"航天远洋测量船迅速捕获飞船目标，及时准确地向飞船发出了调姿和返回制动的指令。

# 千年飞天梦终于成真

10月16日5时35分，北京航天指挥控制中心成功向正在太空运行的"神舟五号"载人飞船发送返回指令。

10月16日5时36分，"神舟五号"飞船轨道舱与返回舱成功分离。返回舱与推进舱轨道高度不断降低，向预定落点返回。飞船轨道舱将留轨工作半年，开展相关的科学试验。

"神舟五号"返回

10月16日5时38分，"神舟五号"飞船制动火箭点火，飞船返回舱飞行速度减缓，轨道高度进一步降低。返回舱向预定着陆场降落。

10月16日5时58分，在北京航天指挥控制中心的组织指挥下，"神舟五号"飞船返回舱与推进舱成功分离。飞船返回舱失去动力后，按照升力控制技术向预定着陆场降落，成功进入返回轨道。

10月16日6时02分，设在新疆和田的活动测量站报告，飞船进入中国国境上空。

10月16日6时04分，"神舟五号"飞船进入大气层，处于"黑障"阶段。

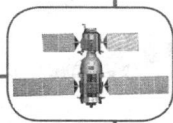

10 月 16 日 6 时 07 分，搜救直升机收到飞船返回舱落地后发出的无线电信号，机上的搜索人员目视到"神舟五号"返回舱。由 5 架直升机组成的空中搜救分队和 14 台专用车辆组成的地面搜救分队立即从不同的方向迅速向落点前进。

10 月 16 日 6 时 18 分，返回舱引导伞已打开，杨利伟报告身体状况良好！

10 月 16 日 6 时 23 分，飞船返回舱在内蒙古四子王旗主着陆场安全着陆。

10 月 16 日 6 时 28 分，地面搜索人员距返回舱落点 7.5 千米。

10 月 16 日 6 时 31 分，温家宝总理与杨利伟通话，祝贺他顺利返航！温家宝总理说："祖国和人民感谢你！"

10 月 16 日 6 时 33 分，搜救直升机发现落在草丛中的飞船返回舱，并迅速着陆开始救援工作。

10 月 16 日 6 时 36 分，地面搜索人员找到了"神舟五号"返回舱。

10 月 16 日 6 时 38 分，搜索人员报告，杨利伟身体状况良好。

10 月 16 日 6 时 43 分，我国首位航天员杨利伟神态自若地走出返回舱。"这是祖国历史上辉煌的一页，也是我生命中最伟大的一天。"这是他迈出舱门后对人们说的第一句话。

10 月 16 日 6 时 54 分，载人航天工程总指挥李继耐宣布我国首次载人航天飞行获得圆满成功。

10 月 16 日 6 时 54 分，温家宝总理代表党中央、国务院、中央军

委祝贺载人飞行圆满成功。

10 月 16 日 7 时许，中央军委主席江泽民在获悉我国首次载人航天飞行圆满成功后，打电话表示祝贺。

10 月 16 日 7 时 40 分，中国首位航天员杨利伟将乘坐直升机离开着陆场返回北京。

10 月 16 日 9 时许，中华全国总工会作出《关于向"神舟五号"飞船载人飞行试验中作出突出贡献的先进集体和先进个人颁发全国五一劳动奖状、奖章的决定》，表彰在"神舟五号"载人飞行试验中作出突出贡献的先进集体和个人。

10 月 16 日 9 时 52 分，随"神舟五号"飞船安全返回地面的航天员杨利伟乘坐专机抵达北京西郊机场。

中国首次载人航天飞行取得圆满成功，浩瀚的太空从此写下了中国人的名字，中华民族的飞天梦想终于成真。我国成为继美国和前苏联之后世界上第三个掌握载人航天技术并成功发射载人飞船的国家。

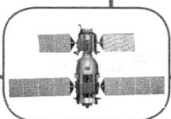

# 杨利伟：进入太空的第一个中国人

杨利伟，出生于 1965 年 6 月 21 日，辽宁省葫芦岛市绥中县人。杨利伟是中华人民共和国第一位进入太空的中国人，大学文化，中国人民解放军少将军衔，特级航天员。现任中国航天员科研训练中心副主任。他是中国培养的第一代航天员。

杨利伟的出生地辽宁省绥中县靠近渤海湾，大海养育了杨利伟，同时也塑造了他刚毅质朴、沉静温雅的性格。儿时，面对蓝色的大海，他有一个梦想，希望有一天能像海鸥那样，向着蓝天飞去。

1983 年，杨利伟考进了空军第八飞行学院。经过四年的刻苦学习和训练，他成为空军队伍中一名优秀的歼击机飞行员。儿时的梦想成了现实。从此，他尽情地在蓝天飞翔。从华北飞到西北，从西北飞到西南，在祖国的万里蓝天上，处处留下了他矫健的身影……

1996 年的初夏，杨利伟接到通知，参加航天员初选体检。

杨利伟没有想到，儿时飞翔蓝天的梦想，会飞得那样遥远，飞向了遥远的太空。杨利伟为此而十分激动。他说："航天员是个非常神圣的职业，自己特别希望能走进这支队伍。"

初检通过了，杨利伟又被安排到北京空军总医院参加临床体检。"我当时心里特别高兴，提前三天就去了。护士还和我开玩笑说：'你也太积极了吧！'"杨利伟回忆说，"我当时太想加入这个队伍了！"

然而，要加入这个队伍并不是一件容易的事。航天员的选拔几乎

可以称得上是"苛刻",是要"过五关斩六将"的。医学临床检查,要对人体的几十个大大小小的器官逐一检查。

　　航天生理功能检查被人们形象地称为"特检":在离心机上飞速旋转,测试受试者胸背向、头盆向的各种超重耐力;在低压试验舱测试受试者上升到 5000 米、1 万米高空时的耐低氧能力;在旋转座椅和秋千上检查受试者前庭功能;进行下体负压等各种耐力测试。几个月下来,886 名初选入围者已所剩无几。

杨利伟

　　杨利伟的临床医学和航天生理功能各项检查的指标都达到了优秀的标准。1998 年 1 月,他和其他 13 位空军优秀飞行员一起,成为中国第一代航天员。

　　2003 年 7 月,杨利伟经载人航天工程航天员选评委员会评定,具备了独立执行航天飞行的能力,被授予三级航天员资格。在"神舟五号"载人飞船发射准备阶段,经专家组无记名投票,入选"3 人首飞梯队",并被确定为首席人选。

　　2003 年 10 月 15 日,38 岁的杨利伟乘坐中国自行设计制造的载人飞船飞向太空,成为中华飞天第一人。

　　2003 年 10 月 15 日,杨利伟被晋升为上校军衔。2004 年春节前

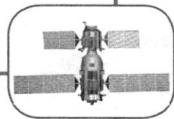

后，他又被晋升为大校军衔。2004年12月9日，杨利伟获香港中文大学颁发的荣誉理学博士学位。小行星21064就是以杨利伟的名字来命名的。

2005年，杨利伟被任命为中国航天员科研训练中心的副主任。2007年10月，他在中共十七大上当选为中央候补委员。2008年7月22日，他被晋升为少将军衔。

# "神五"知识大搜索

## 神奇的太空卧室

飞船既然是航天员的家，就要有家的安全和温馨。飞船设计人员为航天员考虑得很周全，布置得很精心。

飞船座舱装修得很讲究：舱内仪表是黑色的、走电线的内壁呈铁灰色，而座椅的四周则贴上了乳白色的阻燃布，用类似尼龙拉扣的东西粘贴在舱壁上，像一道干净、整洁的墙围子。

航天员座舱里的仪表系统是飞船设计师为航天员准备的"秘书"，她精心地呵护航天员，为航天员提供无微不至的各种服务。她通过3个显示屏和6块机电仪表以及各种按钮，及时向航天员报告舱里、舱外的各种信息，协助航天员下达手动的各种指令。

可以说，整个飞行期间，除了与地面指挥中心通话联系外，其他的信息全要靠"秘书"来提供。比如，飞船的飞行姿态怎么样、速度是多少、飞行时间、飞行圈数、飞到地球什么地方的上空了，船上各系统工作得怎么样，航天员自己的身体状况、生理参数，舱里的温度、湿度等等。"秘书"还会及时通知航天员近期的工作计划和日程安排，甚至连航天员的日常起居"她"也管。

航天员对"秘书"的话是言听计从。"秘书"说："到达祖国上空

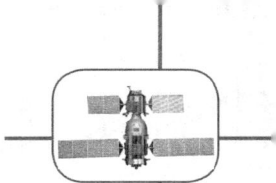

了，快与地面通话、发信息！""该进行科学试验了，别忘了存储数据！"航天员绝不敢怠慢。"秘书"让他们起床、吃饭、午休、锻炼、睡觉，他们也绝对服从。

当然，"秘书"对航天员也确实体贴入微，服务周到。比如，航天员想了解有关地理方面的情况，只要按下"地图"按键，显示屏上就会出现一幅世界地图，并标出了相对地球而言飞船当前的位置以及飞行的轨迹。想看地图的哪一部分，显示屏可以将此区域的地图放大，高分辨率和高清晰度的画面可以让航天员清楚地了解地面上山川、水域和大城市的信息。

航天员如果想知道飞船内的环境状况，按一下"环控"按键，舱内压力、二氧化碳含量、温度、湿度、噪声水平、辐射剂量、氧气储量、饮用水储量等各种参数就会跃然屏上，包括舱内的垃圾自动收集与处理的情况都不会漏掉。

万一哪个数据不符合标准，"秘书"还会用语音报警，告诉航天员哪里发生了险情。

有了"秘书"，航天员处理日常事务的负担大大减轻；依靠"秘书"，航天员得以集中精力处理大事。

"秘书"可靠不可靠呢？对"她"可以绝对放心。设计师为她设计了三层保护：第一层保护叫"互为备份"。"秘书"有两台显示屏，分别由两套计算机系统控制，一套值班，一套待命，如果有一套坏了，另一套仍可正常工作；第二层保护叫"第三者挺身而出"。如果两套计算机系统都坏了，设计师还在旁边放置了一个第三者——视频监视

器，这台监视器依然可提供飞船内外的各种信息；第三层保护叫"直线救国"。万一前三者全部都躺倒不干了，也别着急，还有6块机电仪表呢。它们类似于汽车和飞机上的驾驶仪表，信号输入不与计算机的总线连接，直接取自被监控的对象。信息来源的多样化，增加了"秘书"的可靠性。

除了"秘书"以外，设计师还为航天员考虑了一切工作和生活的细节。"大块头"按键及"罗锅子"标尺就是两大创新。

飞船上的开关、按钮数量可观，但它们安装的位置和造型别具一格，能保证航天员被束缚在座椅上时也可方便地够到。航天员在飞船上的坐姿有点像缩坐在小木盆里，身上被带子紧紧地束缚在椅盆内，身体不能动，手臂能够到的地方十分有限。因此，按钮要尽量安放在不用改变体姿手臂就能够到的地方，此外，座椅扶手处还放置了一根"指挥棒"，如果手臂够不到，用小棒一捅，就可以控制开关。

飞船上各种按钮和开关的尺寸都做得比地面上的大，其间的间隙也很大，免得航天员戴着手套触摸不方便。按钮的表面也有意制作得不太光滑，以防止手套接触打滑。不同功能的按钮一般相距较远，防止出现误操作。一些重要的按钮、开关还设置了安全锁，在不应操作时，即使误碰，它也不会起作用。

飞船在太空飞行时，由于失重，航天员的脊椎和四肢自然弯曲，体姿介于坐姿和站立之间，有点像"罗锅"。为了方便航天员的生活和工作，飞船上所有的抽屉、柜子、扶手和操作台的设计，以及座椅与仪表台、控制台的距离，都不能按地面上人的坐姿和站姿的高度来

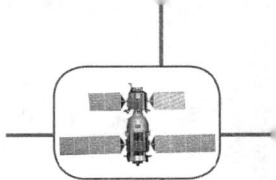

计算，而要以"罗锅"的姿势高度作依据。

从飞船轨道舱到返回舱，相应的位置都安装有扶手、脚蹬子，便于航天员经过时使用。沿途还有几个脚限制器，供在太空中处于飘浮状态的航天员使用。在返回舱内，设计的金属脚蹬子，原来跨度太大，穿着笨重航天服的航天员腿打不了弯儿，一步跨不上去。"神舟五号"飞船对此进行了调整，把一个脚蹬改为两个，不用时还可折叠收起，方便了航天员的进出。

航天员的座椅看起来像是专为罗锅做的躺椅，后背靠着的地方向下凹，专业术语叫"椅盆"，总长度不到 1.3 米，航天员的腿脚蜷曲着放在踏板上。座椅下面安装有缓冲器。座椅上面还放着一块缓冲减振垫，是为减少飞行中的振动和冲击过载而设计的。垫子是专人专用，每个航天员都有量体定做的缓冲减振垫。

发射前，一旦确定了上天的航天员，就要把他专用的减振垫嵌入座椅的椅盆内。航天员躺进座椅后，两条肩带和两条裆带把航天员的躯干固定在座椅内，两条腿带把航天员的双腿固定。带子用高强度阻燃锦丝制成，长短可以调节。特制的座椅能帮助航天员安全度过发射段、再入段和着陆段的过载冲击。

飞船报警系统的设计也充分体现了"以人为本"的精神。比如，在屏幕报警时，屏幕上显示的汉字个头挺大，字的高度大于或等于 6 毫米，字体是仿宋体。字大一点可以醒目，而仿宋字比较柔和，不像黑体字那样生硬。报警本来就易使人产生紧张情绪，如果再在感官上加以刺激，紧张就会变为恐慌。

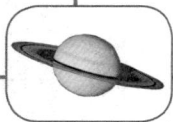

同理，在声音报警时，报警语句比较简洁，最长不会超过 9 个字，以 4 ~ 5 个字为多，采用的是声音清晰、吐字标准、声调柔润的女中音，让人听起来会自动生成一种稳重和踏实的从"她"情绪。

舱内的照明设计也很讲究。考虑到使用白炽灯会产生热量使舱内升温，所以返回舱和轨道舱里采用了冷光源的 U 形荧光灯。

荧光灯发出的是泛白光。这种光经过多次试验，用蓝光、绿光和黄光三种荧光粉加以混合，涂在荧光灯玻璃管内壁上而生成，既明亮又不刺眼。

灯管的外面还配置了有机玻璃灯罩，上面刻有深度不一、有规则的花纹。它有两个作用：一是收集灯管破裂后的碎片，二是使亮度二次均匀分布，保证舱内物品的颜色不失真。为了确保舱内不产生眩光、反光，飞船的"房顶"刷上了低光泽涂料，反射系数不大于 20% 。

安装灯时，还进行了屏蔽处理，航天员不会碰到它。航天员在各自的位置上，正常视野里看不见光源，但又不会因设备或人的遮挡，使仪表出现阴影。

灯的亮度还可以手动调节，开关和调节器使用同一个旋钮，安装在航天员方便触摸的地方。航天员即使穿着航天服，也能方便地操作。

显示屏和仪表上的灯光，航天员也可根据自己的喜好随心所欲地调节亮度，保证各种图形、符号、数字清楚地显示，保证各种开关、按钮、键盘、阀门等标识清晰醒目。显示屏的背景颜色是淡灰色，不会对航天员的视觉神经产生刺激。

按照我国军用标准的规定，提示灯、注意灯和警告灯的颜色分别

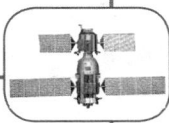

采用类似交通指示灯的绿、黄、红三色。正常事件和状态的提示用绿灯，发出"注意"信息的灯用黄色，警告灯则用红色，这样就使航天员一眼明了发生了什么情况，该采取什么对策。

航天员出舱使用的灯是聚光灯，有两个自由度的转动功能，可为未来飞船的交会对接试验和航天员舱外活动提供照明。

飞船上需要监测和显示的参数多达上千个，航天员即使什么都不做，光聚精会神地看数据也看不过来，而且其视力的消耗也令人吃不消。怎么办呢？设计师采用了人工智能技术，为航天员破解了这道难题。简单地说，设计师让一大批参数"不叫不到"，而又"随叫随到"。

何谓"不叫不到"？设计师将大量需要显示的参数改在后台监视而不显示。显示屏按照飞行程序自动显示当前飞行阶段的主要参数和航天员关心的参数，其余的参数只要在正常范围内就不予显示。何谓"随叫随到"？假如航天员需要查看什么数据，他只要在键盘上敲一下对应的按键，数据就会自动显示出来，绝对"一呼百应"。

智能化设计还采用了多媒体手段，充分利用荧屏、灯光、语音，让航天员通过视觉、听觉多渠道获得信息。前面提到的"女中音报警"和"绿、黄、红灯光显示"就是多媒体的表现形式。

另外，飞船座舱里的"墙壁"颜色、灯光效果、"家具"布置、物品摆放等等，都请由航天员组成的用户评审组进行过鉴定，因为那里将是他们的家，他们有理由在特别狭小的空间里得到平静、舒适和家一般的享受。

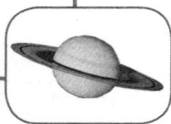

# 第四章　"神舟六号"——多人多天

## 一系列严谨的科学试验

2003年11月7日"神舟五号"成功发射百天后,"神舟六号"工程开始了。

2004年6月24日,北京某航天器工厂,"神舟六号"返回舱壳体加工完成,整舱开始总装。8月4日,上海某工厂,推进舱开始总装,历时三个半月完成,12月3日运抵北京。9月20日,北京某航天器工厂,轨道舱开始总装,历时两个半月完成。12月8日,飞船三舱对接。

2005年7月12日,飞船完成模拟考验后,乘大型运输机运至酒泉卫星发射场,随后展开多次联合检查。9月11日,飞船加注燃料。10月7日,飞船与火箭的结合体被整体转运至发射塔架。

飞船经历了一系列严谨的科学试验。

2005年4月15开始一连7天,飞船整船特性级和验收级振动、噪声试验展开,飞船结构各部件频率响应满足发射段设计要求。

2005年4月28日至5月16日,飞船被吊在亚洲最大的真空罐中。

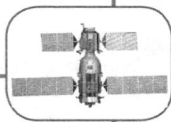

在模拟太空的热真空环境中，飞船模拟正常的多天飞行、轨道留轨飞行程序和故障程序，测试结果满足设计要求。

2005 年 6 月 5 日至 15 日，飞船软件落焊后通过测试，达到了出厂要求。"神舟六号"飞船进行了长达 8 个月的测试试验。工厂工人、飞船各分系统科技人员夜以继日，没休过一个节假日。

2005 年 7 月 12 日，飞船带着相伴了 360 多个日夜的总装人员的深情和依恋，告别了北京航天城总装大厅，乘大型运输机运至酒泉卫星发射场。

2005 年 10 月 4 日，在酒泉卫星发射中心垂直总装测试厂房，"神舟六号"船罩组合体和"长征二号 F"运载火箭顺利吊装对接。

至此，"神舟六号"载人飞船准备就绪，进入发射倒计时……

"神舟六号"飞船蓄势待发

# "神舟六号" 飞天全记录

## 10 月 12 日（第一天）

"神舟六号" 载人航天飞行航天员出征仪式在中国酒泉卫星发射中心航天员公寓问天阁举行。温家宝、李长春、罗干等中央领导来为航天员送行。执行此次航天任务的航天员是 40 岁的费俊龙和 41 岁的聂海胜，分别来自江苏和湖北，他们都是中国人民解放军航天员大队的航天员。

凌晨 5 时 35 分：气象部门提供的详细数据显示，12 日的酒泉卫星发射中心天气良好，地面温度 2 ~ 3 摄氏度，西北风 6 ~ 8 米/秒，高空风速40 ~ 50千米/秒。

6 时 08 分：航天员坐在飞船舱门口，表现非常镇定，在轻声交谈着什么。聂海胜一直在微笑。

6 时 14 分：航天员聂海胜进舱。

6 时 15 分：航天员费俊龙站起来对大家招了招手，然后进舱。

6 时 19 分：两名航天员在舱内就座。

6 时 20 分：两名航天员把自己座位周围的一些物品收集到一个红色的袋子里，然后交给舱外的工作人员。费俊龙坐在返回舱的中间，面前是仪表盘；聂海胜坐在费俊龙的右边。

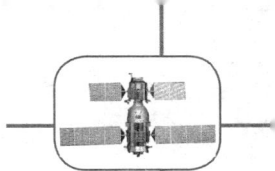

6时22分：两名航天员用束缚带将自己固定好，将航天服上的各种管线与飞船连接。

6时24分：费俊龙调试指挥棒的长度，并试着操作仪表盘。

6时25分：两名航天员在舱内看飞行手册。此时，在北京航天飞行控制中心的主指控大厅内，工作人员已经全部各就各位。

6时30分：两名航天员开始穿上一些防护设备。

6时32分：两名航天员把身体姿势调整成起飞时的状态。

6时33分：戴上飞行手套。

6时34分：合上航天服的面窗。

6时50分：返回舱舱门关闭，进行舱门检漏。指挥大厅传来指令："三小时准备完毕。"在返回舱舱门检测完毕以后，还要检测轨道舱舱门。因为有穿舱任务，要保证舱门的密封，防止轨道舱分离以后泄压、施压，造成舱内温度过高。

8时许，胡锦涛、贾庆林、曾庆红、吴官正等来到北京航天指挥控制中心，听取有关汇报，观看"神舟六号"载人航天飞船发射实况。

8时27分：发射塔架全部打开，火箭飞船全部露出。

8时45分：温家宝、李长春、罗干等来到酒泉卫星发射中心指挥控制大厅观看发射实况。

8时45分：航天员费俊龙报告15分钟准备完毕。各测控点检测完毕。

8时47分：航天员与中国载人航天工程总指挥陈炳德进行了通

话："感谢首长的关心和鼓励。我们绝不辜负中央首长和全国人民的重托，精心操作，坚决完成任务。请首长和全国人民放心，坚决完成任务。""祝你们圆满完成任务，我们就在北京迎接你们凯旋，再见。""再见。"

8 时 51 分：北京航天飞控中心通报点火时间：9 时 0 分 0 秒。

8 时 59 分：火箭发射进入 1 分钟准备。50 秒、30 秒、20 秒、10 秒、9 秒……

9 时 0 分 0 秒：发射"神舟六号"飞船的"长征二号 F"运载火箭点火成功。与发射"神舟五号"飞船的火箭相比，这枚火箭的技术改进之处达 75 项。

"神舟六号"发射成功

9 时 0 分 5 秒："长征二号 F"运载火箭托举着"神舟六号"载人飞船顺利升空。

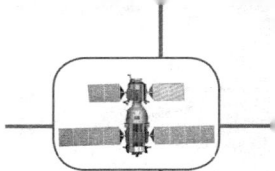

9 时 0 分 12 秒：点火后第 12 秒，火箭向东稍偏南的方向实施程序拐弯。

9 时 02 分：点火 120 秒后，火箭成功抛掉逃逸塔。这是火箭的第一个分离动作。起飞前 900 秒到起飞后 120 秒之内，火箭如果发生故障，逃逸塔能将飞船和航天员安全带走。

9 时 02 分 16 秒：点火后第 136 秒，火箭助推器分离成功。4 支助推器捆绑在芯一级上，相当于 4 支小火箭。

9 时 02 分 39 秒：点火后第 159 秒，火箭一二级分离成功，一级坠落。

9 时 03 分 20 秒：点火后第 200 秒，整流罩分离成功。这时火箭已飞出稠密大气层，飞船不再需要整流罩地保护了。

9 时 05 分：青岛雷达跟踪正常，吕梁、渭南遥测正常，东风中心飞行正常。

9 时 10 分：飞船与火箭成功分离，火箭工作完成。分离点高度约 200 千米，距点火 583 秒。"神舟六号"飞船正常上升运行 449 秒后，着陆场系统榆林搜救责任区任务解除。"神舟六号"飞船正常上升运行 544 秒后，着陆场系统邯郸搜救责任区任务解除。

9 时 12 分："神舟六号"飞船进入"远望一号"测量船测控弧段时，航天员报告"太阳帆板展开，身体感觉良好"。北京航天飞控中心宣布：飞船正常入轨。

9 时 30 分：长江二号 USB（S 波段统一测控系统）发现目标，航天员的画面出现在大屏幕上。指控大厅内人们开始鼓掌。

9 时 32 分："神舟六号"飞船进入"远望二号"测控弧段。

9 时 33 分：航天员打开面窗，挥手致意。地面医监医生首次与航天员通话。航天员向地面报告"感觉良好"时，北京航天飞控大厅内响起掌声。

9 时 39 分：中国载人航天工程总指挥陈炳德宣布："'神舟六号'载人飞船发射取得圆满成功。"

9 时 43 分：温家宝总理讲话，指出我国载人航天的丰功伟绩将彪炳于中华民族的光辉史册！

10 时 32 分："神舟六号"飞船已飞临我国上空。布设在我国最西端的喀什测控站向北京航天飞控中心报告，其测控设备已发现"神舟六号"飞船，并开始对飞船进行跟踪测控。

10 时 32 分："神舟六号"飞船内的航天员在回答地面调度指挥员呼叫时，报告"飞船工作正常"。此时飞船正飞过祖国大陆上空。

10 时 33 分：航天员摘下手套解开束缚带。

11 时 05 分：航天员向地面报告完成第一次太空进餐。

11 时 15 分 53 秒：航天员进餐完毕。按飞行计划安排，地面调度指挥员要求一名航天员开始休息。

12 时 07 分 13 秒：中国卫星海上测控部所属的 4 艘"远望号"航天远洋测量船已布阵于太平洋、印度洋、大西洋预定海域，正对"神舟六号"飞船进行精密测量与控制。

14 时 17 分：在飞船第四次飞经"远望二号"测量船上空时，地面指挥调度员按计划呼叫航天员，通知航天员休息结束。航天员此次

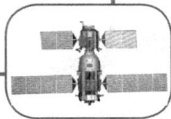

休息时间大约为 3 个小时。航天员医监医生第二次与航天员通话联系，了解航天员的身体状况。

远望号测量船

15 时 30 分：飞船进入第五圈后，北京航天飞行控制中心已把变轨参数传输到飞船，变轨地面工作就绪。

15 时 54 分：飞船变轨从 15 时 54 分 45 秒开始，变轨发动机工作了 63 秒，64 秒后进入平稳状态。这时飞船正飞行到第 5 圈，处于"远望二号"测量船的测控范围。

15 时 56 分："神舟六号"飞船推进舱发动机在地面发出的指令控制下关机，飞船变轨结束。

16 时 03 分 32 秒："神舟六号"成功变轨。

16 时 06 分 21 秒："神舟六号"成功发射后，担任应急救助任务的交通部救捞局所属三艘远洋救助船"德翔"轮、"德意"轮和"德进"轮正在返航。

— **119** —

16时45分：飞船正飞过非洲上空，两名航天员表情轻松，边看手册边交谈。

"神舟六号"航天员费俊龙亲手拍摄的太空摄影009号作品《地球、冰、云》

16时47分：航天员医监医生第三次与航天员通话联系，了解航天员的身体状况。

16时50分：飞船运转正常。费俊龙还轻松地玩着手中的笔，系着绳子的笔在他面前飞来飞去。

17时11分：飞船已进入"远望四号"测量船的测控区内。航天员和地面指挥人员核对了返回舱和轨道舱的压力，为航天员进入轨道舱作准备。

17时26分：航天员请示开启返回舱舱门，做穿舱试验工作。

17时29分：航天员打开返回舱舱门，聂海胜用手托着费俊龙的脚，帮助他进入轨道舱。

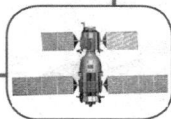

17 时 30 分：费俊龙拉着一根带子，站起来，用力把返回舱和轨道舱之间的舱门拉开。

17 时 31 分：费俊龙进入轨道舱，聂海胜向镜头竖起大拇指。

17 时 34 分：费俊龙在轨道舱内脱下压力服，换上工作服，检查设备，开始工作。

18 时 30 分：独自留在返回舱里的聂海胜也脱下压力服，换上工作服，拿起相机，向轨道舱拍摄。可以看到聂海胜不时地松开相机，让相机在返回舱里飞了起来，再把它抓住。

19 时 03 分：中国航天员中心航天员医监主任设计师李勇枝介绍，"神舟六号"飞船在轨飞行第一天，驾乘飞船的航天员费俊龙、聂海胜身体健康状况良好。

19 时 59 分：费俊龙回到返回舱，聂海胜进入轨道舱。

21 时 30 分：两位航天员都回到了返回舱，身着蓝色的工作服。两位航天员手里拿着飞行手册。

21 时 32 分：两位航天员与家人天地通话。

21 点 39 分：两位航天员与家人的天地通话结束。

# 10 月 13 日（第二天）

2 时 56 分："神舟六号"飞船飞越祖国上空。

4 时 16 分：航天员费俊龙结束了大约 7 小时 8 分钟的睡眠，从轨道舱来到返回舱进入工作岗位。

4 时 33 分：费俊龙为聂海胜拍摄工作照。

5 时 55 分：航天员聂海胜脱下压力服，重新穿上蓝色工作服。

5 时 58 分：喀什地面测控站今天第一次对"神舟六号"进行跟踪测控，费俊龙向镜头连续摆了两次手，同时不断和北京进行通话。

6 时 10 分：航天员开始吃早餐，费俊龙在拍摄聂海胜吃早餐的镜头。从大屏幕上可以看到失重状态下食品从空中飞入口中的镜头。

6 时 24 分：费俊龙和聂海胜已在太空中飞行了 21 小时 24 分钟，超过了航天员杨利伟在太空的飞行时间。

7 时 50 分：青岛测控站指挥长说，从 12 日晚 11 时起，青岛测控站已经跟踪了飞船 5 圈的运行，目前"神舟六号"飞船运行非常好，测控数据很精确。

8 点 41 分：中科院空间环境预报中心预报，"神舟六号"飞船正在第 6 次也是今天最后一次穿越南大西洋异常区。从 13 日 0 点 36 分开始到 8 点 41 分，"神舟六号"飞船连续 6 次穿越了轨道上的强辐射区——南大西洋异常区，航天员的安全没有受到威胁。

9 时 0 分 0 秒："神舟六号"航天员费俊龙、聂海胜在太空中已经飞行约 68 万千米，超过了杨利伟上次飞行的 60 万千米，成为中国日行最远的人。

9 时 15 分：飞船进入我国"远望一号"船测量弧段，飞越乌鲁木齐。

9 时 17 分：费俊龙坐在返回舱的舷窗边，从一个绿色帆布包里面拿出一张湿纸巾，把包装袋撕开，取出里面的纸巾开始洗脸。

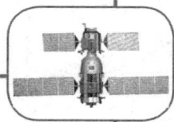

9 时 47 分：飞船进入我国"远望二号"船测量弧段。费俊龙拿起一个血压计，准备测血压。

10 时：正在进行在轨干扰力试验的两名航天员，在舱内加大了动作幅度。

10 时 47 分：飞船飞行第 18 圈，进入我国喀什测控站测控弧段，飞越了我国喀什、成都、重庆、衡阳、厦门、香港、澳门等地。费俊龙独自在返回舱中记录飞行日志。

11 时左右：西安卫星测控中心计算出 14 日凌晨飞船第 30 圈的轨道维持控制参数，并验证计算结果的正确性。参数于上午 11 时向北京飞控中心传送进行比对，最终产生向飞船发送的轨道维持参数。同时继续通过各种遥测数据，监视飞船的工作状态。

11 时 21 分：飞船进入我国"远望二号"测量船测量弧段，费俊龙的画面再次出现在大屏幕上。费俊龙正在用耳麦与地面通话，神态自若。

12 时 15 分："神舟六号"飞船从珠穆朗玛峰上空飞过。

13 时 05 分："神舟六号"飞船进入"远望二号"测量船测控范围。

13 时 05 分：航天员聂海胜经过大约 7 个多小时的睡眠后，两位航天员分别进入轨道舱进行科学试验。航天员和地面科技人员对各项试验获取的数据作了详细的记录。

14 时 25 分：在飞船绕地球飞行第 20 圈时，航天员进行了 3 次穿舱试验，试验表明航天员的活动对飞船姿态影响很小，飞船可保持正

常飞行，不需纠正飞船姿态。

14 时 45 分：主着陆场的各项准备正有序进行，各种设备运行正常。参加"神舟六号"返回搜救任务的所有人员和装备已全部进场完毕，已先后进行了 3 次演练。

15 点 45 分："神舟六号"飞船进入位于大西洋的"远望四号"测量船测控范围。两名航天员身着蓝色工作服，在轨道舱里，侧躺在座位上记录飞行日志。

18 时 25 分：最后一次夜间搜索救援演练在"神舟六号"飞船主着陆场拉开序幕。为提高搜救能力和确保航天员安全，主着陆场此前已进行了 3 次演练。

18 时 40 分：参加主着陆场夜间搜救演练的 4 架直升机发出巨大的轰鸣，从着陆场站临时停机坪上依次起飞，卷起阵阵沙尘，很快消失在夜空中。

19 时："神舟六号"飞船已按预定轨道环绕地球 23 圈，飞行 34 小时。从飞控大厅大屏幕上显示的飞船返回舱内的画面上看到，费俊龙和聂海胜身着蓝色工作服，神情专注地监视着飞船的工作状况。飞船舱内图像清晰，飞船数字电视图像传输正常。

19 时以后：航天员费俊龙将结束今天的工作，进入轨道舱进行大约 7 小时 35 分钟的睡眠。

20 时 17 分：飞船进入"远望三号"测控段。航天员费俊龙已按规定进入轨道舱休息，聂海胜在轨道舱中阅读飞行手册。

20 时 23 分：航天员聂海胜在返回舱中手持摄像机拍摄他面前的

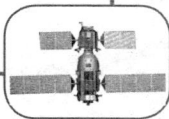

仪表盘和显示屏。

20 时 32 分：参加主着陆场夜间搜救演练的两名"航天员"分别搭乘两架直升机飞往转运机场……主着陆最后一次夜间搜救演练成功结束。

# 10 月 14 日（第三天）

2 时 30 分：费俊龙休息结束，起床，清洁口腔牙齿，修整胡须。

3 时许：两名航天员在太空进餐。

5 时 56 分："神舟六号"飞船在第 30 圈的飞行中，飞船发动机点火，进行变轨后的首次轨道维持。"神舟六号"飞船飞行近两天，轨道高度会衰减。轨道维持是根据轨道精测参数进行微量调整，使飞船回到预定的正常轨道。

6 时 19 分：航天员报告和地面监测表明，轨道维持获得圆满成功。

9 时 02 分："神舟六号"飞船制定了在轨运行时的 150 余种故障模式和对策。

9 时 12 分：从 12 日 9 时 12 分飞船正常入轨起，"神舟六号"飞船已经在太空飞行 48 小时。

9 时 26 分：北京航天飞控中心介绍，"神舟六号"飞船发射升空以来，船上各种仪器设备工作正常，两位航天员先后在轨道舱和返回舱中于失重条件下进行了多项空间科学试验，各项试验进展顺利。

9 时 35 分：费俊龙在返回舱内记录完飞行日志后，忙里偷闲，把玩手中的笔，让其在空中翻滚飘浮，享受太空生活。

9 时 43 分：费俊龙、聂海胜两人各自通过返回舱的舷窗对地观测，用手中的数码相机拍照。儿子曾要求费俊龙多拍些地球的照片，给他带回来欣赏。

9 时 55 分："神舟六号"飞船已进入围绕地球第 33 圈飞行。

10 时许：担负"神舟六号"返回舱回收任务的一条专用公路正式通车。这条公路位于内蒙古中部草原四子王旗境内，连接飞船着陆场，总长 64.96 千米。

10 时 10 分：费俊龙与地面人员通话，对着摄像头挥手致意。

11 时 20 分："神舟六号"飞船从中国南海上空飞过。

14 时 36 分：航天员正手持摄像机透过飞船舷窗拍摄地球，通过摄像机可以看见蔚蓝色的地球。

14 时 54 分：两名航天员正在返回舱内查看飞行手册，此时飞船正飞过"远望二号"测量船测控区，飞船已围绕地球飞行到第 36 圈。

15 时 30 分：主着陆场首次使用了 LAP－3000 风廓线雷达和 102 米高的测风塔，大大提高了对浅层风的预报精度。

15 时 34 分：据预报，16 日至 17 日，内蒙古中部四子王旗主着陆区气温将有所下降。

16 时 04 分："神舟六号"飞船已在太空飞行两天多。航天员费俊龙、聂海胜已经受了飞行上升段、上升段到轨道运行段交替期间、在轨运行初期和失重初期等多种太空生理考验。

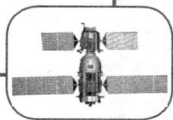

16 时 08 分：遨游太空的"神舟六号"飞船，并非形单影只。我国研制发射的风云二号 C 气象卫星正为飞行中的"神舟六号"观风测云、保驾护航。

16 时 30 分：航天员费俊龙在舱内连做了 4 个"前滚翻"，用时约 3 分钟。以飞船每秒 7.8 千米飞行速度计算，费俊龙一个"筋斗"就飞了约 351 千米。

16 时 48 分：从北京时间 12 日 9 时"神舟六号"飞船发射升空以来，两名航天员已各自经历了两次太空睡眠，健康状况良好。

17 时 26 分：截至 14 日 16 时，"神舟六号"飞船已进入太空 55 小时，两名航天员在太空目睹了 36 次日出日落，飞行约 151 万千米。

# 10 月 15 日（第四天）

9 时 10 分：从 12 日北京航天飞行控制中心宣布"神舟六号"正常入轨起，飞船已在太空中正常运行三昼夜，两名航天员在太空目睹了 48 次日升日落，飞行约 202 万公里。

9 时 10 分："神舟六号"进入太空三昼夜来，航天员费俊龙、聂海胜没有出现任何空间运动病的症状，身体健康状况良好。

9 时 56 分：飞船飞行第 49 圈。航天员费俊龙在返回舱中与在轨道舱的聂海龙对话，还不时往舷窗外观看，并用相机拍照。此时飞船正飞经我国青藏高原上空。

10 时 02 分：费俊龙连续向镜头挥了两次手。

11 时 16 分：截至此时，北京航天飞行控制中心及其协调指挥的国内外 13 个测控站点，工作正常有序。科技人员工作认真细致，飞行控制各项工作进展顺利。

11 时 25 分："神舟六号"飞船进入第 50 圈飞行。飞船推进、电源、环境控制和生命保障、制导导航与控制、测控与通信等各分系统数百台设备工作状态良好。

11 时 32 分：主着陆场气象预报组组长李永辉介绍，随着"神舟六号"飞船返回时间的临近，着陆场各项准备工作进展良好。

14 时 58 分：中国卫星海上测控部主任简仕龙说，"远望一号"、二号、三号测量船已有效应对太平洋、大西洋的恶劣海况，船上测控设备状况正常。

15 时 15 分：北京航天飞控中心向记者开通放音系统，现场记者将可清楚听见地面与航天员对话。从显示屏上可看到两名航天员已安然就座，正调试他们面前的显示屏。

15 时 24 分："远望三号"测量船预定海域处于高压边缘，最大风力 8 级，最大浪高 4 米。"远望三号"借助减摇鳍和船姿船位系统来保持船体的相对平衡和测控数据的精度。中国卫星海上测控部主任简仕龙说，3 艘"远望号"测量船尽管遭遇了恶劣海况，但所有测控设备均能及时捕获并稳定跟踪"神舟六号"飞船，接收到的图像和话音清晰，遥控发令准确无误。

16 时："神舟六号"飞船飞过非洲上空，开始进入位于南印度洋的"远望四号"测量船测控区。

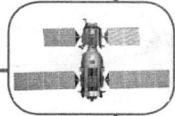

16 时 10 分：从"神舟六号"飞船上传回的航天员费俊龙、聂海胜在返回舱内的图像，清晰地显示在北京飞控中心指挥大厅的大屏幕上。

16 时 28 分：胡锦涛总书记与"神舟六号"航天员费俊龙、聂海胜开始实时通话。航天员表示："衷心感谢总书记的关怀。衷心感谢祖国人民的支持。我们一定圆满完成任务。"

16 时 32 分：与航天员通话结束后，胡锦涛与现场指挥、技术人员一一握手，询问有关情况。在北京航天飞控中心发表了简短讲话。

18 时 05 分：航天员费俊龙和聂海胜向北京航天飞控中心传送他们拍摄的飞船太阳能帆板的数字图像。

20 时 36 分：航天员先后开展了在轨试验、工效学评价试验等活动，获取了大量空间科学试验数据，为后续载人航天飞行提供了重要经验和改进依据。

20 时 59 分："神舟六号"飞船进入位于南大西洋的"远望三号"测控范围。费俊龙在返回舱中一边记录飞行日志，一边与轨道舱中的聂海胜通话。

# 10 月 16 日（第五天）

3 时 10 分："神舟六号"飞船已经正常飞行 60 圈，两位航天员目睹了 60 次日升日落，飞行 90 小时，行程约 256 万公里。

3 时 50 分：正在太空遨游的"神舟六号"飞船再次光临内蒙古主

着陆场上空。着陆场站成功对飞船实施连续跟踪测控。

8时33分："神舟六号"再次飞临喀什测控区。飞船各种飞行参数正常，舱内温度、湿度及氧气、二氧化碳浓度等各项环境指数十分理想。

8时43分：着陆场系统总指挥隋起胜接受新华社记者采访时说，着陆场系统全部就位完毕，通信畅通。各种设备状态良好、运行正常。

8时53分：载人航天工程着陆场系统总设计师侯鹰接受记者采访时说，着陆场系统有能力及时发现、安全回收飞船。

11时22分：中央气象台高级工程师杨贵名说，未来两天，主着陆场地区的天空状况良好，能见度高，低层风力比较小，整个高空风向稳定。

13时10分："神舟六号"飞船已经安全飞行100个小时。

15时13分：北京航天飞控中心主任席政在接受新华社记者采访时说，由于成功地将最优控制理论用于实践，"神舟六号"飞船的实际运行轨迹与理论轨迹实现吻合。

20时00分："神舟六号"第70次飞过祖国上空，其中，多次从台湾、香港、澳门上空飞过。航天员费俊龙、聂海胜从太空向全国各族人民问好，向港澳同胞、台湾同胞和海外侨胞问好，并报告说飞船工作正常，太空生活愉快。

21时04分：中国载人航天工程指挥部负责人在此间宣布，"神舟六号"载人飞船将于10月17日凌晨按计划实施返回。

21时57分：在太空飞行近109个小时的航天员费俊龙、聂海胜向北京航天飞行控制中心报告，"神舟六号"开始进行返回准备。

23时30分左右：飞船飞行第74圈，返回舱舱门已经关闭，检漏

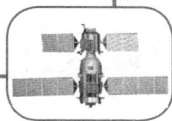

正常，航天员已经更换舱内压力服，感觉良好。

23 时 56 分：喀什测控站已按计划圆满完成"神舟六号"运行段的测控任务，在"神舟六号"飞行期间共进行了 22 个圈次的测控，成功率达 100%。

# 10 月 17 日（第六天）

0 时 03 分：喀什测控站对"神舟六号"分离后轨道舱的测控准备工作已经就绪，设备运转良好。

四子王旗地区

1 时 36 分：飞船主着陆场四子王旗地区目前天气良好，风力一至二级，月明星稀，比较适合降落。

1 时 50 分：执行"神舟六号"飞船返回搜救任务的地面搜救分队

出发。14 辆特种车辆组成的搜救车队离开着陆场站，前往飞船预定着陆点。

2 时 40 分许："神舟六号"飞船返回指令解锁，即将结束 5 天的太空之旅，踏上返乡路程。

3 时许：吴邦国、贾庆林、黄菊、吴官正等陆续来到北京航天飞控中心，观看"神舟六号"飞船载人航天飞行回收实况。

3 时 18 分：飞船飞行第 76 圈，飞船推进舱太阳帆板垂直归零。

3 时 42 分："远望三号"发现"神舟六号"。

3 时 43 分：第一次调姿开始。

3 时 44 分：轨道舱返回舱分离解锁，航天员报告轨返分离。10 秒后，第二次调姿开始。

3 时 44 分许，记者从北京航天飞控中心获悉，"神舟六号"正式踏上返乡征程。轨道舱将再留轨工作六个月，北京航天飞控中心将继续对其进行全程管理。

3 时 45 分："神舟六号"开始返回。

4 时 07 分：密封板分离手控指令发出，推进舱和返回舱分离。

4 时 08 分：飞船飞入祖国上空，喀什测控站捕获目标。

4 时 13 分：飞船进入黑障区。

4 时 19 分：主伞舱盖弹开。

4 时 20 分：脱减速伞，主伞打开。直升机目视到目标。

4 时 33 分：飞船返回舱着陆。返回舱实际着陆地点距理论着陆点相差仅一千米。"神舟六号"共飞行 115 小时 32 分钟，飞行 77 圈，行

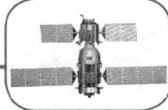

程约 325 万千米。

5 时 07 分：返回舱舱顶舱门打开。

5 时 38 分：航天员费俊龙、聂海胜按正常程序出舱，并向欢迎人群挥手。

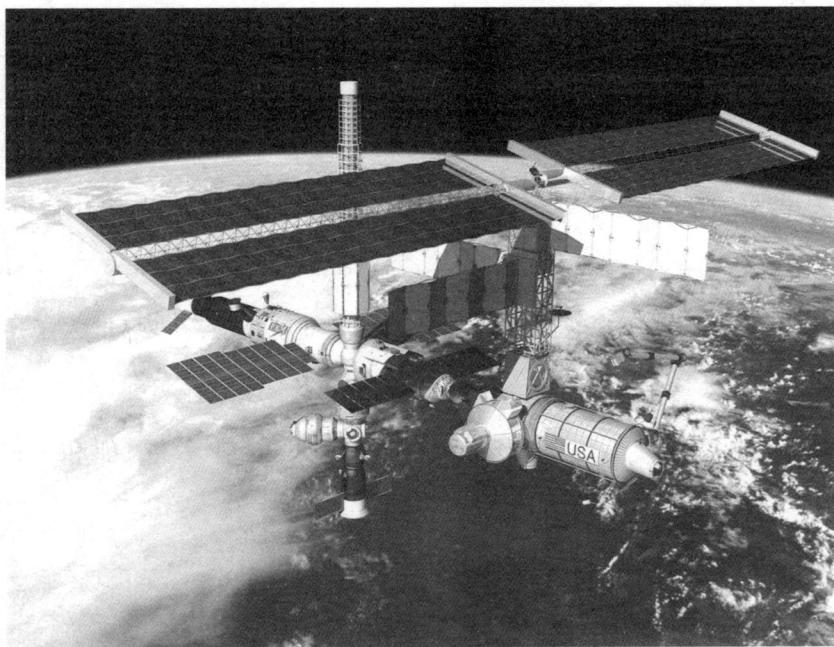

# 绕地日行八万里，巡天遥看一千河

"神舟六号"是我国第二艘载人飞船，它的成功，掀开了中华民族航天事业又一新的篇章，在技术上也有很多的历史创举。

## 首次多人遨游太空

"神舟五号"飞船只有杨利伟一名乘客，而 2005 年 10 月 12 日，茫茫太空又迎来了两名中国客人——"神舟六号"航天员费俊龙和聂海胜。人数的增加给飞行任务的各个环节和工程各系统都带来了不同程度的变化。比如，携带的装备要增加一倍，两名航天员存在协同配合的问题等等。双人飞行，比单人飞行更能全面地考核飞船和工程其他系统的性能。

## 首次多天空间飞行

"神舟五号"飞船在太空飞行了 21 个小时，绕地球运行 14 圈。而"神舟六号"在轨运行多天，飞行圈数、距离大大增加。在空间停留的时间越长，意味着出现问题的概率越大，飞行控制越复杂。为确保万无一失，飞控系统人员对计算机终端进行了更新，数据记录方式也实现了更新换代。"神舟六号"制定了在轨运行时的 150 余种故障模

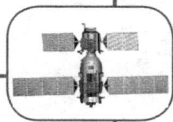

式和对策，如果故障严重，飞船在每一圈都能应急返回。

## 首次进行空间试验

"神舟五号"飞船飞行过程中，杨利伟一直待在返回舱内，没有进行空间科学试验操作。而"神舟六号"飞船的两名航天员，从返回舱进入轨道舱生活，并进行了空间科学试验。这是我国第一次有人参与的空间科学试验。科学试验如果没有人的参与，试验的内容和效果将受到很大的限制。人的参与将使空间科学试验实现了质的飞跃。

## 首次进行飞船轨道维持

因受大气阻力和地球引力的影响，飞船飞行轨道会逐渐下降。为确保正常运行，飞行控制专家按预定计划，决定在"神舟六号"飞船飞行到第30圈时，对飞船轨道进行微调，使其轨道精度更高。在北京航天飞行控制中心的统一指挥调度下，对"神舟六号"进行了首次轨道维持。飞船发动机点火工作了6.5秒。稍后，航天员报告和地面监测表明，首次轨道维持获得圆满成功。

## 首次飞行达325万千米

杨利伟乘坐"神舟五号"飞船飞行了60万千米，而"神舟六号"

以每秒约 7.820185 千米的速度，在距地面 343 千米的圆形轨道飞行，总飞行距离达 325 万千米。两位航天员费俊龙和聂海胜因此成为飞得最远的中国人。

## 首次在太空穿脱航天服

"神舟五号"飞船飞行过程中，杨利伟一直穿着舱内航天服，而"神舟六号"的两名航天员第一次脱下舱内航天服到轨道舱活动。航天服实际上不仅仅是服装，更是载人航天的个体防护保障系统。这次使用的航天服与上次杨利伟穿的一样，只不过杨利伟没有脱过。航天服的重量为 10 多千克。经过训练，两位航天员都能在两三分钟内完成穿脱动作。

## 首次在太空吃上热食

"神舟五号"在太空飞行的 21 个小时里，杨利伟只吃了小月饼等即食食品，喝的是矿泉水，而"神舟六号"的两名航天员在太空中第一次吃上了热饭热菜。中国人喜欢吃热餐，所以这次航天食品专家们专门设计了一个食品加热装置，能在 30 分钟里加热食物。

## 首次启用太空睡袋

杨利伟躺在座椅上睡了两觉，其间熟睡有半个小时。这次飞行，

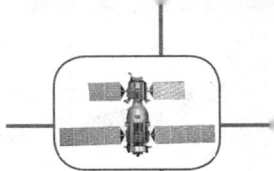

两名航天员第一次用上太空睡袋，睡眠时间增多了。飞行时间加长后，航天员必须有足够的睡眠，才能保证身体的健康和科学试验的正常开展。这次专家们用保暖织物设计了太空睡袋，固定在轨道舱舱壁上，供航天员休息。

## 首次设置大小便收集装置

杨利伟在太空没有上厕所。"神舟六号"首次在轨道舱里装备了大小便收集器。在太空上厕所是个麻烦事。上次飞行中杨利伟使用了类似"尿不湿"的小便收集装置。"神舟六号"增加了一个大小便收集器，能够强力吸走排泄物，同时通过除臭装置除去异味。

## 首次全面启动环控生保系统

"神舟六号"首次全面启动了环境控制和生命保障系统。通过110多项技术改进，这艘飞船提高了冷凝水汽的能力，确保飞船湿度控制在80%以下；改进了座椅的着陆缓冲功能，不仅保护了航天员，还能靠座椅提升保证航天员在返回途中仍然可以看到舷窗外的情况。

## 首次增加火箭安全机构

与上一枚火箭相比，发射"神舟六号"的"长征二号 F"火箭有

75 项技术改进，更加安全、可靠和舒适，也具备了更多的功能。这枚火箭第一次在逃逸发动机上增加了安全机构，防止火箭误点火等现象的发生，进一步提高了火箭发射的安全性。

## 首次安装了摄像头

发射"神舟六号"的"长征二号 F"火箭上第一次安装了摄像头，可以把火箭从起飞到船箭分离等动作的画面实时传回，以帮助地面更加准确地观测和判断火箭的状态。这一次在火箭上安装了两个摄像头，一个装配在整流罩内，一个则安装到火箭外面。

## 首次启用副着陆场

与"神舟五号"着陆场系统相比，一个最大的不同在于，"神舟六号"飞行任务首次全面启用了位于酒泉附近的副着陆场。由于目前技术条件的限制，还无法对多天内的气象变化进行精确预报，因此，在选择飞船着陆时间时，无法保证主着陆场的气象条件适合降落。副着陆场与位于内蒙古草原中部四子王旗的主着陆场相隔 1000 千米，可以起到气象备份的作用。

## 首次启动图像传输设备

火箭的监视器——车载遥测站分布在酒泉、渭南、青岛三地，主

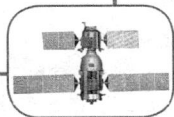

要负责运载火箭发射及飞行全过程中的遥测测量任务。这些数据可以使地面指挥人员实时掌握火箭的运行状态。此次任务，布设在酒泉的车载设备中新增了图像传输设备，是由我国自主研发并第一次使用。这一设备能够将发射过程的图像实时传送到地面，这和以前只能通过三维动画来模拟火箭的飞行状态相比，是一个很大的飞跃。

## 首次使用新雷达

"神舟六号"的主着陆场首次使用了 LAP－3000 风廓线雷达和 102 米高的测风塔，大大提高了对浅层风的预报精度。

## 首次全程直播载人发射

在"神舟六号"任务中，中央电视台组织了强大的阵容，首次直播了载人航天发射的全过程，让全国人民乃至全世界都看到了"神舟六号"发射的一个个精彩瞬间。

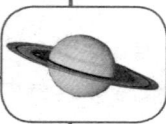

# "神六"英雄谱：梅花香自苦寒来

## 阳澄湖飞出费俊龙

费俊龙，男，汉族，江苏昆山人，中共党员，毕业于长春航校，大学文化。他 1964 年出生，1982 年 6 月入伍，1985 年 5 月入党，现为中国人民解放军航天员大队一级航天员，正师职，大校军衔。曾任空军某飞行学院飞行技术检查员，飞过多种机型，安全飞行 1790 小时，为空军特级飞行员。

费俊龙的家乡江苏昆山位于阳澄湖畔，金秋时节闸蟹肥，销往外埠的阳澄湖大闸蟹很有名气。就是从这个宁静的鱼米之乡，走出了中国航天员的优秀代表费俊龙。

费俊龙在家中排行老三，因为前面已经有两位姐姐，所以当费俊龙出生时，父亲给他起了一个女性化的小名"三囡囡"。费俊龙自小乖巧，而且爱吃家乡特产大闸蟹。所以每年大闸蟹最肥的时候，

费俊龙

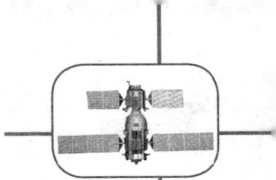

费俊龙的妈妈就格外思念他。

1982 年，费俊龙 17 岁，空军赴当地招考飞行员，费俊龙经过严格选拔选飞成功。当年苏州地区总共向空军部队输送了 6 名飞行员，后来驾机上天的只有 3 人，至今留在部队的只有费俊龙一人。1986年，从长春某部航校毕业后，费俊龙被分配到武汉某部航校担任教官。

费俊龙在 1998 年 1 月，经过层层选拔，费俊龙正式成为我国首批航天员。经过多年的航天员训练，他完成了基础理论、航天环境适应性、专业技术等 8 大类几十个科目的训练任务，以优异的成绩通过航天员专业技术综合考核。

2005 年 6 月，费俊龙入选"神舟六号"载人航天飞行乘组梯队成员。2005 年 10 月 12 日，他和聂海胜一起乘坐飞船进入太空，展开为期五天的中国航天第二次载人飞行。

2005 年 11 月 26 日，中共中央、国务院、中央军委在人民大会堂隆重举行大会，庆祝"神舟六号"载人航天飞行圆满成功。中共中央总书记、国家主席、中央军委主席胡锦涛在大会上发表重要讲话，并为费俊龙颁发"航天功勋"奖章和"英雄航天员"荣誉称号、"航天功勋奖章证书"。

费俊龙

## 聂海胜——啥也不想，只管飞！

聂海胜，湖北枣阳人，中共党员，大学文化。他 1964 年 9 月出生，1983 年 6 月入伍，1986 年 12 月入党，现为中国人民解放军航天员大队一级航天员，正师职，大校军衔。

聂海胜曾任空军航空兵某师某团领航主任，飞过歼五、歼六、歼七等机型，安全飞行 1480 小时，为空军一级飞行员。

"太空一往返，中华五千年！"当杨利伟登上"神舟五号"飞船之际，他的战友、中国载人航天首飞航天员梯队成员聂海胜，满怀激情

聂海胜

地写下了这句话。聂海胜目送战友飞上太空，心中充满了对自己事业的崇敬和自豪。他说："九天揽月，我们盼望那一天！"

聂海胜说自己是幸运的，在他高中毕业时遇上了招飞。当飞行员是聂海胜的梦想，小时候在山坡上放牛躺着睡着的时候，从没见过飞机的他做过一个奇怪的梦，梦见自己长出一双大大的翅膀飞上蓝天。

到了航校，聂海胜好似鸟儿飞上了天。他觉得自己与飞行有缘，要不儿时为何会做那个无缘无故长翅膀的梦？为何摸着操纵杆就熟悉得像老朋友一样操作自如？当年，作为同批学员中第一个放单飞的人，

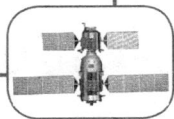

聂海胜

教官让他给其他学员讲讲飞行体会，不善言辞的他只说了一句话："啥也不想，只管飞！"

1989 年 6 月 12 日，聂海胜第一次驾驶改装后的某型歼击机单飞。

1998 年，聂海胜正式入选我国第一批航天员，在长期的训练和考核之后，顺利通过了多个科目的训练任务，并在航天员专业技术综合考核中取得优异成绩。他曾入选我国首次载人航天飞行航天员梯队。

2005 年 6 月，聂海胜成功加入神舟六号载人航天飞行乘组梯队。2005 年 10 月 12 日，他和费俊龙一起乘坐神舟六号载人飞船，执行太空飞天任务，是中国航天第二次载人飞行。

2005 年 11 月 26 日，在庆祝神舟六号载人航天飞行圆满成功的大会上，获得"航天功勋"奖章和"英雄航天员"荣誉称号和"航天功勋"奖章和证书。

聂海胜

# "神六" 知识大搜索

## 太空睡觉不需床

躺在床上睡觉在地球上是通常的睡眠方式，但是在太空中，航天员由于受微重力的影响，原有的生活方式都要改变，包括睡眠。

在太空中，航天员始终处于飘浮状态，分不清上和下，因此，他们可以以各种姿势睡觉而不影响睡眠，如站着睡、倒立着睡、悬空睡。在飞船内睡眠最大的一个特点还在于不需要床，只要在居住舱内找一个你认为既不影响别人行动、又不受干扰的角落，就可以舒舒服服地睡上一觉。但是必须把身体固定住，防止睡着后由于呼气或翻身而在舱内飘来飘去，碰伤自己或损坏设备。

在太空中，航天员的作息时间可以根据自己的情况来安排，不像在地球上要根据白天和黑夜来决定，因为载人航天器大约每 1.5 小时就围绕地球飞行一周，因此白天黑夜已失去作为安排作息时间的参考价值。

航天员在太空中睡眠也会做梦和打鼾。不同的是，在地面打鼾，翻个身一般会停止，但在太空中，无论你怎样翻身打鼾都不会停止，因为在微重力条件下，身体无论处于什么位置都是一样的。

为了使航天员居住的返回舱内空气新鲜，保证航天员的身体健

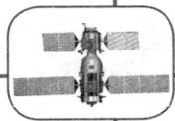

康，飞船还设置有环境控制与生命保障系统，对密闭舱不断产生的污染进行净化处理。

## 多数航天员喜爱川菜

"川菜遍天下"，喜欢吃川菜的人比例较高，这在航天员群体中也不例外，多数航天员喜欢吃川菜。

航天食品除了必须在安全性、营养性以及外形和重量方面考虑航天环境的特殊要求外，还必须考虑到航天员不同的口味需求，以激发他们的食欲，使他们保持充沛的体力完成繁重的太空飞行任务。

为了使航天食品符合每位航天员的口味，中国航天员科研训练中心的食品专家们给每位航天员都建立了"口味档案"。他们将研制出的上百种航天食品请航天员一一品尝，并请航天员对所有食品按照"不喜欢、一般、喜欢、很喜欢"四个档次打分。如果一种食品被大多数航天员评判为"不喜欢"，那么将会被淘汰。同时，通过对食品的评定，可以充分了解每一名航天员的口味，有针对性地研制受他们欢迎的食品。

在准备执行"神舟六号"飞行任务的3组6人的乘员组确定后，中国航天员科研训练中心的食品专家们按照这6名航天员的"口味档案"，精心挑选了50多种、总重达40多千克的航天食品搭载到飞船上。

对这些食品，6名航天员基本都能接受，没有一种食品是其中任

何一人所"不喜欢"的。此外，为了保证航天员在太空中有好胃口，食品专家还为他们搭配了辣、甜、酸三种口味的调味酱，航天员可以根据自己的喜好涂抹到食品上。

"神舟六号"乘员组梯队6名航天员的口味虽然有一些差异，但他们在饮食上都有很大包容性，没有人提出过特殊要求。

## 航天员在太空的清爽生活

"神舟六号"航天员在太空中怎样保持个人清洁？

在地面上人们天天刷牙，太空中要刷牙可不行了。科技人员为航天员准备了一种类似口香糖的清洁剂，餐后使用，可以达到清洁口腔的效果。可以用来"刷牙"的还有用无菌纱布做成的纸套和一种能吃的牙膏，既除味又增白。俄罗斯航天员用生理盐水浸泡的纱布擦拭牙齿，我们的航天员比他们舒服。

太空中无法沐浴，"神舟六号"航天员携带了一种专用的纸巾，出汗后可以用来清洁身体，还有特制的擦脸油用于护肤。据悉，在飞行期间，两位航天员还更换了一次内衣。

## 航天员在太空如何如厕？

如厕问题是多天太空飞行中不得不面对的生活问题。这一次，"神舟六号"航天员在太空中如何解手？

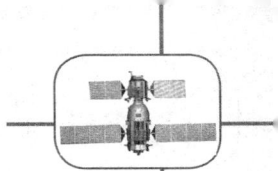

在太空解手是个麻烦事，不仅不能让排泄物飘浮出来，连气味都不能散发，否则，在那么狭小的飞船空间里，航天员如何度过漫长的好几天？

我国研制的航天服里有一个类似于"尿不湿"的小便收集装置，通过吸水材料把小便变成絮状的固态物，并且能除臭。这是"神舟五号"飞行中杨利伟唯一能够使用的"厕所"。"神舟六号"飞船则在轨道舱里安装了一个大小便收集器，机器上有两根管子分别用来对准大便和小便器官，能够强力吸走排泄物，同时通过除臭装置除去异味。

大小便训练是"神舟六号"航天员训练的内容之一。看似这么简单的训练要经过 3 个阶段：理论上了解——学习设备操作——实际体验，所以一点也不简单。

# 第五章 "神舟七号"——太空行走

2004 年底，当全国人民还沉浸在"神舟五号"首次载人航天飞行圆满成功的巨大喜悦中，中国载人航天工程已经启动了"神舟六号"、"神舟七号"乃至更加长远的计划。

美苏载人航天的发展历程，都是先攻克飞行器空间交会对接技术，再突破太空行走难关。中国载人航天在这一阶段的路径则恰恰相反。这是因为交会对接技术更难突破，需要的时间更长，载人航天工程如果太长时间没有一次发射，飞船外的其他系统闲置时间过长，可能造成人才流失和资源浪费。因此，中国载人航天工程太空行走和交会对接两大难关同时推进，承载太空行走任务的"神舟七号"，因为飞行需要时间相对较短而优先实施。

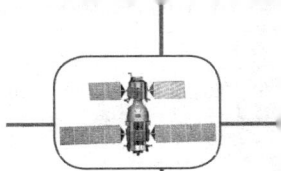

# "神舟七号"飞船的诞生

2004 年 12 月，中央正式批复载人航天工程第二步第一阶段立项，飞船系统启动了"神舟七号"的方案设计和攻关工作。2005 年 4 月，"神舟六号"飞船还在发射前的测试阶段，"神舟七号"飞船已完成了轨道舱结构方案设计报告评审。在推进舱和返回舱变化不大的情况下，这实际上意味着"神舟七号"飞船的方案已经形成了。

"神舟五号"、"神舟六号"是在前四艘无人飞船的基础上改进而来的，"神舟七号"飞船轨道舱改成气闸舱，是个全新的产品，要重新做结构强度、振动、力学、热真空等各种试验。这使得做计划时的未知因素大大增加，不仅要考虑每次试验需要什么保障条件，要达到什么目的，还要考虑试验失败怎么应对。

经过各部门的通力合作，研究人员终于攻克了一道道技术难关。当"神舟七号"飞船壮观地竖立在眼前，科研人员的心中不是喜悦，而是紧张。

从综合测试开始，原来各自分头工作的小团队，成为一个大的飞船试验队，所有系统集中成一个大系统。此后长达 1200 小时的测试，是"神舟一号"以来时间最长的一次测试，但总的来说，整个过程十分顺利。

2008 年 1 月，完成正式模拟飞行测试；完成 3 组 9 名航天员参加的人船联合测试；

2月，完成整船振动和噪声力学试验；

3月，完成整船热真空试验和整船泄复压试验；

4月，完成飞船、地面联合测试和人、船、地联合测试；

7月6日，"神舟七号"飞船发射试验队出征发射场；

9月6日，飞船加注推进剂；

9月25日，"神舟七号"飞船以良好的状态做好了一切发射升空的准备，屹立在发射场。

# 着陆场系统的改进

着陆场系统是为"神舟七号"回归保驾护航的。

"神舟六号"飞船载人航天任务一结束，着陆场系统的科研人员就开始备战"神舟七号"了。载人航天工程靠的是大协作，其中凝聚着无数科技工作者的心血和智慧，对着陆场系统而言，就是要倾尽全力、履职尽责，让"神舟"飞船安全回家。

载人航天工程着陆场系统包括主副着陆场、陆上应急搜救、海上应急搜救、通信和航天员医监医保5个分系统。针对"神舟七号"载人飞船多人多天、航天员出舱、傍晚返回等特点，技术人员对系统进行了重新设计，通过优化整合和综合集成创新，使系统建设更加科学可靠、经济实用。

与其他系统相比，着陆场系统比较特殊的一点就是涉及的单位多、参试人员和设备多，对于总体协调工作来说，遇到的问题和困难就可想而知。为了确保试验任务万无一失，工作人员在任务前组织了近百次联调和测试演练，确保了系统以"零问题"状态参加任务。

"神舟七号"飞船飞行任务中要求着陆场系统有一些相应变化，空中搜救指挥平台、无线电跟踪测量设备、卫星导航定位系统等都是在系统内首次亮相，共同为"神舟七号"飞船和航天员的安全返回保驾护航。

从"神舟一号"任务开始，着陆场系统始终处于不断的探索发展

过程中。为最大限度提高着陆场系统的费效比，在总体方案的设计上，始终坚持了以最小投入发挥最大效能的设计原则，在保证搜救效果的前提下，尽可能减少人员与设备的投入。"神舟七号"着陆场区的配备力量有所改变，一些搜救设备也有改进。

"神舟七号"飞船的搜救方案，将原来"空中为主，地面为辅"的模式改为"空中救援航天员，地面处置返回舱"，所有针对航天员的搜救工作都由空中力量完成，这样可以大大缩短抵达着陆点的时间，提高快速反应能力。

搜救模式的改变带来了着陆场区力量配备的变化。通过最大限度地压缩地面力量，把原来陆地上升段的 4 个应急救生区压缩成 3 个，把主、副着陆场的力量加以综合利用。如此一来，虽然航天员人数增加了，但通过优化，不仅没增加搜救力量，反而将直升机的数量减少了。

在前六次飞行任务结束后，经过不断总结，在"神舟七号"任务着陆场系统的总体设计方案中去掉了一些可靠性不够高的设备，新研制加装了性能更加可靠的搜索定向仪，为直升机添加了可供夜间搜索使用的探照灯和红外设备，还为航天员配备了铱星手机，大大提高了系统的可靠性。

"神舟七号"和"神舟六号"相比，大的状态变化主要有三个方面：第一是要执行出舱试验任务，这个是我国载人航天工程第二步第一阶段要突破的关键技术；第二，飞船是满载的，就是承载三名航天员，这样就达到了"神舟"飞船的额定能力；第三，"神舟七号"飞

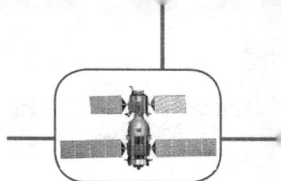

行期间要进行一些卫星通讯的新技术试验。

　　作为我国载人航天工程二期的首次飞行，"神舟七号"飞船的航天员空间出舱活动成为最大突破。专家们制定了有害气体控制等30多项出舱期间的应急预案来保证航天员的安全。而使航天员从舱内环境过渡到舱外真空环境的飞船气闸舱，则是由我国自主研制成功，首次投入使用。

# 见证又一次辉煌

108 盏聚光灯将发射场区照得亮如白昼，58.3 米高的船箭组合体和 105 米高的发射架散发出水晶般的光泽。

2008 年 9 月 25 日 20 时 10 分，距"神舟七号"飞船发射预定时间还有整整 1 个小时。

执行中国第三次载人航天飞行任务的航天员翟志刚、刘伯明、景海鹏，已进入"神舟七号"飞船返回舱。这是"神舟"飞船第一次迎来 3 位乘客。

从酒泉卫星发射中心到北京航天飞行控制中心，从内蒙古四子王旗主着陆场到远在大西洋的"远望三号"航天远洋测量船，以及神州大地上所有在电视机前期待的人们，都在等待又一个辉煌时刻的来临。

9 月 25 日 17 时 30 分许，"神舟七号"航天员出征仪式在酒泉卫星发射中心航天员公寓问天阁举行。

## 成功发射

9 月 25 日 20 点 20 分，三位航天员在"神舟七号"载人飞船上调试设备，等待发射。

离发射还有 40 分钟，启动泵被按下。环抱着火箭的第三组平台开始旋转，30 度、90 度、180 度……乳白色的船箭组合体完全展露在世

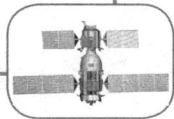

人眼前。灯光下，整流罩上的五星红旗图案格外醒目耀眼。

"15分钟准备！"

塔台上的人员全部撤离。完成了发射前一切准备工作的3位航天员，静静地躺在距离地面50多米高的返回舱内。

"5分钟准备！"

3位航天员再次检查调整束缚带，关闭面窗，镇定地等待飞天时刻的到来。

"神舟七号"发射

"……5、4、3、2、1。"随着零号指挥员清晰有力的倒计时口令，所有人都屏住了呼吸。

"点火——"

1500米外的移动发射平台上，一股橘红色的火焰从"长征二号

F"火箭底部猛地喷射出来。

1，2，3，4……足足4秒钟时间，火箭仍稳稳地坐在发射平台上。

这4秒的停滞，犹如跳水运动员在起跳前猛地将跳板踏下以积蓄力量一样，现在这股蓄积的力量——604吨的巨大推力开始托着火箭徐徐升起。

火箭底部喷出的几千摄氏度高温的烈焰，在几秒钟内就将导流槽中数百吨水变为蒸汽。烈焰与蒸汽被压迫着从左右两侧的槽口喷薄而出，如同巨大的蘑菇云腾空而起。高达数十米的烈焰，一刹那将整个戈壁映照得如同白昼。

北京时间2008年9月25日21时10分许，中国自行研制的第三艘载人飞船"神舟七号"，在酒泉卫星发射中心载人航天发射场由"长征二号F"运载火箭发射升空。

"神舟七号"发射

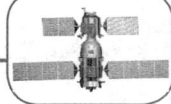

轰鸣声渐高渐远……第 12 秒，火箭的尾部像被什么力量拽了一下，高速飞行的箭体向着东南方向微微拐了一个弯。越飞越快、越飞越远的火箭，渐渐成了夜幕中的一个亮点。

第 120 秒，"逃逸塔分离"——这意味着火箭和飞船越过了最为危险的上升段前两分钟；第 136 秒，"助推器分离"——火箭进入 52 千米高空，捆绑在箭体上用以增加推力的 4 支小火箭完成了使命；第 159 秒，"一、二级分离"——在飞过平流层和中间层之后，火箭芯一级自动脱离，芯二级就要和飞船一起接近大气层的边缘；第 200 秒，"整流罩分离"——火箭已经飞出稠密的大气层，"神舟七号"在太空中露出自己的真面目——飞船不再需要整流罩地保护了……

"神舟七号"在太空

"'神舟七号'报告：舱窗打开！"当听到从 110 千米的高空中传来翟志刚清晰的报告声，酒泉卫星发射中心指控大厅内，首飞太空的

"航天英雄"杨利伟鼓起掌来。

几分钟的时间是如此漫长，又是如此短暂。第 583 秒，火箭以 7.5 千米/秒的速度，将飞船送到近地点 200 千米、远地点 350 千米的椭圆轨道入口。而此时，火箭的燃料也消耗殆尽，即将与飞船告别。

"神舟七号"在太空

9 月 25 日 21 时 30 分许，"神舟七号"飞船正常入轨。

9 月 26 日凌晨 4 时零 5 分，"神舟七号"载人飞船成功变轨。变轨成功后，飞船已由沿椭圆轨道运行变为沿圆形轨道运行。

## 关注出舱

9 月 27 日上午，3 名航天员交替休息，为即将进行的舱外活动养精蓄锐。飞船发射升空之后，航天员进行舱外航天服组装、适应性训练等各项任务对体力消耗很大，需要通过充足的休息进行恢复，把身

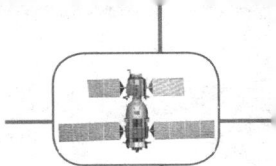

体和心理调整到最佳状况。

第一次实施舱外活动的难度和风险前所未有。出舱活动前，航天员要做的准备工作非常严谨而细致，首先是调整好身体和心理状态。"神舟七号"乘组第一次设置了指令长这个岗位，担任指令长的是 01 号航天员翟志刚，也是由他来进行出舱活动。02 号航天员刘伯明在轨道舱来协助 01 号翟志刚进行穿航天服以及科学试验等一系列工作。03 号航天员景海鹏在返回舱进行支持。

持续三四个小时的准备活动中，两名航天员依次完成了穿好舱外航天服、气闸舱泄压、吸氧排氮等动作。

下午 1 时 33 分，"神舟七号"返回舱门关闭，航天员开始执行太空行走任务。

随后翟志刚和刘伯明两人开始穿舱外航天服。3 时 20 分左右，两人全副武装，其中担任出舱任务的翟志刚身着"飞天"舱外航天服，刘伯明则身着俄制"海鹰"舱外航天服。

3 时 40 分，两人将舱外航天服逐步加压，而轨道舱则慢慢泄压，直至逐步接近真空状态。

4 时 16 分，北京航天飞控中心发出出站指令。差不多同时，轨道舱第一次泄压完毕，舱内气压由一个标准大气压降至 70 千帕，当舱内气压降至两千帕时可满足航天员出舱条件。

4 时 30 分，控制中心发出指令："神舟七号，打开轨道舱门，按程序启动出舱。"

4 时 34 分，"神舟七号"航天员翟志刚开始出舱，在刘伯明的帮

助下，翟志刚一只手固定身体，一只手将轨道舱门解锁，缓缓打开舱门，整个开门过程持续十多分钟。

4时44分，翟志刚开始出舱进入太空，他向地面报告："'神舟七号'已出舱，身体感觉良好，向全国人民、向全世界人民问候。"洁白的航天服上，鲜艳的五星红旗格外醒目。

4时48分，翟志刚在太空迈出第一步，中国人的第一次太空行走开始了。刘伯明上身出舱，递给翟志刚一面五星红旗，翟志刚向着镜头挥动，指控大厅里顿时掌声雷动。

在翟志刚进行太空行走的过程中，身上始终有两条安全系绳与母船相连，每一步操作之前，他都要先在舱壁的扶手上固定好安全系绳的挂钩，一根固定好了，才改变另一根的位置。

经过10分钟的太空漫步后，4时58分，北京航天飞控中心发出指令："'神舟七号'，返回到轨道舱。"

『飞天』舱外航天服分为六层

● 舒适层：特殊的防臭叫外排出的棉丝
● 备份气密层：橡胶组成
● 主气密层：涂有关节轴承
● 限制层：涤纶（聚酯）制成，用以连载舱内余压
● 隔热层：这样过的的号码又隔热
● 外防护层

神七出舱航天服

4时59分，翟志刚结束太空行走，返回轨道舱，顺利完成出舱任务。

航天员出舱活动是一项高难度、高风险的活动。作为中国第一次太空出舱活动，航天员出舱行走不仅包含了不少"高难动作"，更具有非常重大的意义，是非常值得关注。

关注出舱，要关注八个关节点。

关节点一："穿衣"。"神舟七号"航天员首次在太空中穿上舱外航天服。飞船发射时，

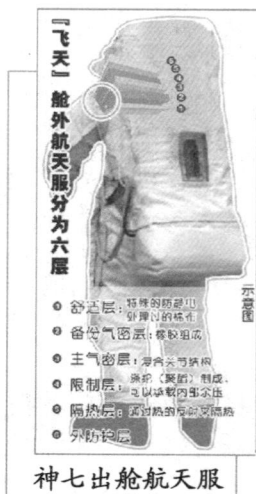

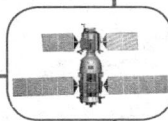

舱外服是打包固定在轨道舱壁上的，因此航天员首先要启封服装，然后把各部分组合成一件完整的舱外服，再把净化器、氧瓶、电池、无线电遥测装置等可更换部件装上航天服。

航天员在"钻"进舱外航天服后，还要对服装进行尺寸调整、气密性检查和全性能测试，一切正常，这才算"穿好"了舱外服。在"穿衣"的过程中，两名航天员互

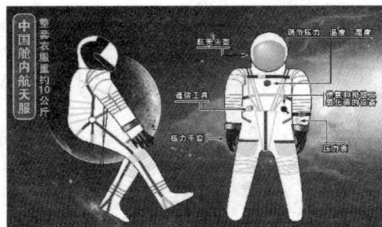

神七出舱航天服

相配合，一人操作时，另一人读操作手册并进行确认，以确保所有操作万无一失。

关节点二：在轨训练。穿上舱外服后，航天员进行移动和各种模拟操作，以体验失重状态下移动和操作的特点。同时，航天员还要找好开舱门的位置和手脚的着力点。

我国研制的"飞天"舱外航天服
神七出舱航天服

在大约100分钟的在轨训练中，航天员要把整个在轨准备和舱外活动预演一遍，进一步熟悉出舱程序，但运动量不能太大，以防患上空间运动病。这些工作结束后，两名航天员将进行几个小时的休息。

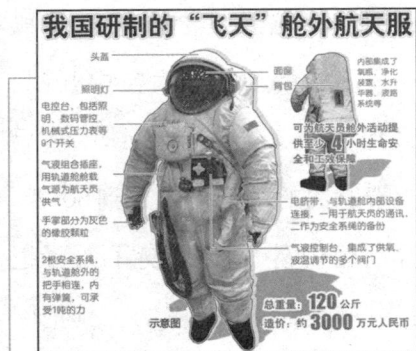

关节点三："搬家"。"神舟七号"的轨道舱既是航天员的生活舱，又是航天员出舱活动的"过渡"

地带，即气闸舱。因此，在进入第二阶段——出舱准备与过闸段后，航天员要做的第一件事就是把轨道舱里不能耐受低压的物品转移到返回舱。

在"搬家"完成后，返回舱与轨道舱之间的门必须关上，否则，返回舱就成了真空、低压的"太空舱"了。

关节点四：泄压。航天员再次穿上舱外服后，需要检查服装和舱的对接系统的状态及气密性。在舱外服加压的过程中，轨道舱慢慢泄压。轨道舱气压泄至 3 千帕时，舱外服与飞船的气液组合连接器断开，服装转入完全自主供氧和冷却。此时，舱外服里的压力是 40 千帕——这是人体能够承受而又保证灵活性与气密性的压力值，轨道舱则逐步接近真空。

"神舟七号"出舱行走

关节点五：开门。当轨道舱气压降至 2 千帕左右，就可以开门了，航天员进入第三阶段——出舱活动。在太空中开门，讲究不少。首先要解锁，然后拉着舱门的手柄把门开到 60 度。等到舱内外压力平衡了，再把门完全打开。碰上打不开的情况，就得用一个类似于撬杠的工具把门"撬"开。在打开门和出舱之前，航天员还要给舱门罩上一个保护罩，以防止在出舱过程中发生剐蹭。最为困难的是，航天员始终需要用一只手固定身体，上述动作都是单手进行的。

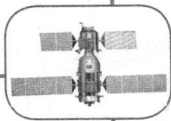

关节点六：出舱取试验材料。"头先脚后"，这是航天员出舱的"标准动作"。按照计划，出舱航天员半个身子探出去后，首先要对着推进舱上的摄像头"打招呼"，然后取下放置在轨道舱外壁上的固体润滑材料，递给舱内的航天员。固体润滑材料是在飞船发射前安装在飞船舱壁上的，至航天员出舱取回时，材料预计共在外太空暴露 40 个小时以上。国外经验表明，暴露 40 小时以上即可获得试验效果。

关节点七：太空行走。试验材料递入舱内后，出舱航天员将沿着轨道舱壁行走。他身上有两条安全系绳与母船相连，每一步操作之前，都要先在舱壁的扶手上固定好安全系绳的挂钩，一根固定好了，另一根才能改变位置。

在失重的环境中，身体没有任何可以依靠的发力点。因此，航天员只能在安全系绳挂钩的帮助下，通过手在飞船舱壁把手上改变位置来实现身体的移动。

关节点八：返回。与出舱相反，航天员在进入轨道舱时，采用"脚先头后"的姿势。接下来，又是一系列与出舱相反的程序：关舱门，轨道舱复压。直到轨道舱内压力恢复后，航天员才能慢慢脱下舱外服。

## 顺利返回

10 架直升机、8 部特种车辆、4 艘救捞船、分布在主副着陆场和应急点的数千名工作人员……载人航天工程精心构建的陆海空立体搜

救系统，为迎接"神舟七号"顺利返回提供了完备的保障。

着陆场系统承担着飞船回收和航天员救援的重任。它负责跟踪测量返回舱出黑障前后的返回轨道；及时搜救寻找返回舱、协助航天员安全出舱并护送到后方；应急返回时，要争取在最短时间内营救航天员，将风险降到最低。

与前六次相比，"神舟七号"对着陆场系统提出了更高的要求。为此，科研人员在系统总体设计上，优化整合系统资源，突出重点关键部位，实现整个系统全态参加任务。根据3名航天员的试验状态，完善了救护程序，补充调整了医监医保医疗救护装备和设备。根据3天在轨运行的状态，调整优化了部署在国内外应急返回着陆区的搜救力量。

"神舟七号"返回

"神舟七号"的搜救采用空中搜救航天员、地面处置返回舱的模式，系统建成了空中搜救指挥平台，搜救的组织指挥从地面转移到空

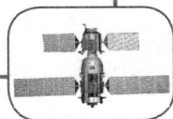

中，简化了中间环节，保证了各种信息的迅速传输，更便于北京联合指挥所及时掌握航天员搜救进展情况。

地面配置的搜救力量也进行了调整，主副着陆场的 8 部特种车辆，包括指挥调度车、工程运输车、返回舱吊车、小型指挥车等，主要负责搜救的指挥和信息支持，并承担返回舱回收任务。主着陆场配置的光学实况记录设备，可以利用可见光、中波红外和长波红外记录返回舱再入返回过程及乘伞下降情况。

在太空中高速飞行的"神舟七号"飞船，在返回大气层后由于与大气发生摩擦，速度急剧下降。当飞船下降到距离地球表面约 15 千米处时，飞船所受到的空气阻力与飞船自身的重力大体相当，这时飞船的速度由超音速下降到亚音速，并稳定在 200 米/秒左右。这时候要使飞船的速度进一步下降，就要依靠降落伞了。

在同等大气压力和同等载荷的前提下，降落伞面积越大，减速的效果也就越好。对于 3300 千克重的返回舱来说，只有足够大的降落伞才能保证飞船有很好的减速效果，同时也便于空中和地面搜救人员及时发现正在降落的飞船，从而能够迅速组织和展开救援行动。

"神舟七号"使用的降落伞叫环帆伞，主伞面积为 1200 平方米，是目前世界上最大的降落伞，比俄罗斯现在使用的"联盟 TMA 号"飞船使用的降落伞还要大 200 平方米。

由于"神舟七号"飞船是在夜间返回，为了增强搜救的安全性和时效性，科研人员在搜索直升机上安装了机载红外助降设备和大功率搜索探照灯，以保证在距离地面 300 至 500 米的范围内，驾驶员能够

准确辨别出高压线、房屋、树丛等地形地貌，能在比较大的范围内找到一块理想的降落地。

另外，空降兵小组配备了便携式夜视仪，航天员随身携带有国际救援示位标手机、铱星电话、卫星定位仪、救生信号枪、海水染色剂、救生口哨等表位示位与通信设备。返回舱着陆后，航天员可用铱星手机与北京任务指挥所和医监医保医疗救护作业人员进行通话。强大的技术保障、全方位的立体布控，大大提升了夜间回收返回舱的能力，为实现快速有效搜救的目标奠定了基础。

北京时间 9 月 28 日 17 时 38 分，"神舟七号"飞船顺利着陆，三名航天员自主出舱。

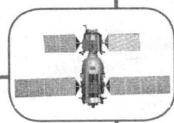

# 太空猎星

　　2008 年 9 月 27 日 19 时 24 分 45 秒，小卫星从"神舟七号"飞船成功释放。"神舟七号"飞船伴飞小卫星从轨道舱上弹出后，受速度变化等影响，距离轨道舱越来越远。小卫星既需要与轨道舱保持一定距离，又不能撞上它，这就要求工作人员对小卫星进行精确控制。一周后，卫星不再紧随轨道舱，而是围绕其飞行。此后的运行过程中，卫星上的两个摄像头拍回了大量轨道舱的画面。

　　在北京航天飞行控制中心的严密监视和精确控制下，神舟七号伴飞小卫星于 5 日 18 时 14 分顺利实现了在 4 千米×8 千米椭圆轨道上环绕飞船轨道舱飞行的目标。这标志着我国首次小卫星伴随绕飞试验取得成功。

　　伴飞小卫星搭载"神舟七号"飞船发射升空并被成功释放。这是我国首次在航天器上开展微小卫星伴随飞行试验。

　　专家介绍，实现小卫星伴飞要分五步：首先是释放伴星；第二步是伴星先对飞船定向，对飞船进行彩色视频观测；第三步是 20 分钟后，伴星转为对地定向，向测控站传输图像；第四步则是返回舱返回后，地面向伴星注入数据开始变轨。此时，伴星在轨道舱后 100 多千米的共面轨道上。第五步，伴星逐步接近轨道舱，达到对轨道舱的伴随飞行目标。

　　其后，北京航天飞行控制中心对伴飞小卫星进行了持续跟踪测

轨，确定了精密轨道参数，制定了"多天多次变轨，逐步逼近绕飞"的控制策略。2008 年 9 月 30 日至 10 月 5 日，先后进行了 3 个阶段共 6 次轨道控制，逐步控制伴飞小卫星实现对飞船轨道舱由远距离接近到近距离逼近，并最终形成环绕飞行。

小卫星伴随绕飞试验的成功，将为大型航天器的在轨故障诊断和保障奠定基础，同时将对延伸和拓展航天器的功能和应用起到积极作用，并且也将为未来我国航天器空间交会对接活动提供有益经验。

中国载人航天工程空间应用系统负责人表示，"神舟七号"飞船伴飞小卫星顺利完成前期空间观测任务，共下传 1000 多幅飞船多角度图像，均清晰完整。

伴飞小卫星上的宽视场相机每 3 秒钟获得一幅飞船静态图像，经高效压缩后存储。当小卫星逐渐远离飞船时，根据预定工作流程切换到窄视场相机，继续从多角度获取飞船在轨运行图像。

观测任务完成后，伴星从对飞船定向转为对地定向，在测控站上空将存储图像下传地面。

目前，伴飞小卫星运行稳定，状态良好，将按计划开展后续科学试验。

航天员返回后，北京飞控中心将控制伴飞小卫星逐步接近轨道舱，并最终实现围绕轨道舱飞行。

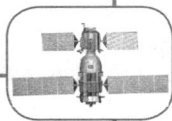

这幅图片为伴星开启后宽视场相机获取的第一张图片，拍摄时间为航天员按下释放按钮后6秒钟，伴星位于飞船前方，距离数米处。照片中轨道舱前部黑影为伴星的日照影子。

这幅图片为释放指令发出3分钟后窄视场相机获取的图片，伴星位于飞船前上方100多米处。图片显示，飞船映衬着美丽的地球，像雄鹰一般翱翔在太空。

这幅图片为释放指令发出6分钟后窄视场相机获取的图片，伴星位于飞船前上方200多米处。

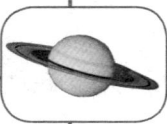

小卫星伴随大型航天器飞行是各航天大国争相发展的一项前沿技术。它具有 3 大突出功能和意义，可发展空间应用技术，为实施交会对接任务积累经验，并可为主航天器提供服务。

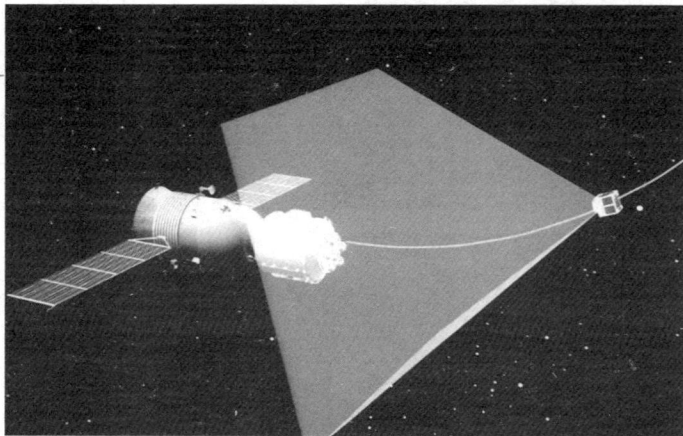

神七搭载的伴飞小卫星成功释放

通过这项试验，可以检验对两个航天器进行相对运动控制的能力。飞船返回地面后，小卫星经过多天多次变轨，逐步逼近留在太空的轨道舱，最终形成绕飞。这项技术的实现，为中国建立空间站做好了准备。

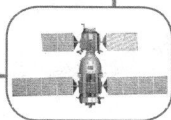

# 把中华民族的脚印留在太空

在航天领域，"神舟七号"载人飞船成功升空具有重大的里程碑意义。"神舟七号"是我国载人航天工程三步走战略的第二大步中的第一小步，是为我国建立宇宙空间站打好基础，在我国航天事业的三部曲中有承上启下的重要地位。"神舟七号"首次搭载三名航天员升空，并且在轨运行中要实现一名航天员出舱行走，并释放一颗伴飞小卫星。"神舟七号"载人飞船的成功，在太空中第一次留下中华民族的脚印，也为载人航天后续工程及以后的探月工程和远地外太空探测打下坚实的基础，创造良好的开端。

**"神舟七号"出舱行走**

在国防方面，"神舟七号"载人航天飞行的成功，标志着我国已经初步具有进行太空防卫战的能力。"神舟七号"和"神舟六号"飞

船一样，具有太空变轨能力，这对突破敌方的弹道导弹防御系统具有非常重要的作用。释放伴飞小卫星，则预示着我国已经具有太空猎星的能力。

在经济方面，"神舟七号"飞船的产业价值惊人。据粗略估算，目前由"神舟五号"、"神舟六号"带来的产业价值已经超过1200亿元。航天经济的产业链堪称各个经济类别中最长的，几乎无所不包。这个说法并不夸张。从能源、钢铁、新材料、电子、机械、通信等行业，到航天服装、航天食品涉及的纺织、服装加工、农产品、食品加工等行业，一次航天活动所涉及的产业，几乎涵盖了日常生活中的各个领域。

关于航天活动的产业价值，国际上其实早就有相关的数据来论证。据多家欧美相关研究机构评估，在航天领域每投入1元钱，将会产生8至14元的带动效应。美国耗资240亿美元进行阿波罗登月计划，科技成果转化为民用后，衍生出的产业价值超过2000亿美元。

"神舟七号"飞船的发射升空不仅代表着中国火箭等技术的成熟，也标志着中国在载人航天飞船、太空行走等技术上的突破。"神舟七号"飞船不仅将带动航天产业的发展，未来还将给国民经济带来巨大动力。

在外交影响方面，"神舟七号"载人飞船的上天，中国航天员太空漫步的成功，有力地提高了我国的大国地位，对增强我国在世界上的影响力，应对复杂多变的国际局势有着重要意义。

一直以来，美俄两国以绝对的优势长期垄断着国际航空航天事

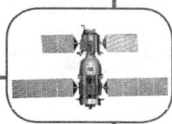

业。而今，这一局面终于被打破了。

2003 年，我国的"神舟五号"载人飞船成功上天并安全返回，航天员杨利伟成为中华民族历史上第一位由我国自行研制的航天器送入太空的中国人，打破了美俄长达半个世纪的航天垄断，成为世界上第三个掌握载人航天技术的国家，极大地提升了中国的国际地位。"神舟七号"飞船的成功发射，以及出舱活动的顺利完成，更进一步提高了我国的国际地位，增强了我国在国际上的综合影响力。

我国航天事业虽然起步晚，现阶段和美俄两国还有着不小的差距，但是我们从来没有放弃追赶的步伐，我们有足够的信心、能力和决心在未来的航天领域与美俄鼎足而立。

第五章 『神舟七号』——太空行走

# "神七"英雄谱——宝剑锋从磨砺出

## 翟志刚——妈妈送我去飞行

1966年11月21日，翟志刚出生在黑龙江省齐齐哈尔市龙江县的一个小乡村。父亲长年卧病在床，一个大家庭全靠母亲支撑。

小的时候，翟志刚家里生活非常困难，但目不识丁的母亲在子女上学的问题上却毫不含糊。她说："咱翟家砸锅卖铁也要供几个孩子读书。"

翟志刚回忆说："年近六旬的母亲，靠卖炒瓜子供我读完小学和初中。每天起早贪黑到街上卖炒瓜子，风里来雨里去，每天晚上回来，用她粗糙而又裂着口子的双手将一张张发皱的角票分币点捋平整。这场景让我感情上再也忍受不了，我含着热泪对母亲说不想继续念书了，我要帮您老人家支撑起这个家。"

谁知当他把想法说出后，一向慈祥的老母亲发了火。母亲流着泪对翟志刚说："妈不识字，也不会讲什么大道理，但我认准一个理，你这个书必须念下去！"

空军飞行学院来招飞了！翟志刚高兴地报了名。当亲朋好友跑来告诉他考上空军飞行学院的消息时，母亲比他还激动。临走的前一天，母亲从贴身的小包里掏出一张带着体温的5元钱，硬塞到儿子手里。

翟志刚忍不住心酸，搂住白发苍苍的母亲哭了……

带着母亲的殷切期望，翟志刚一步步成长起来，先后任飞行中队长、飞行教员，飞过歼七、歼八等机型，安全飞行 950 小时，为空军一级飞行员。

1995 年 5 月的一天，翟志刚参加飞行训练。忽然，一股强劲的气流卷起沙尘暴向机场袭来。当时，他正在返航途中，目视已看不清地面，风速很快，凭着过硬的技术，他驾驶战机完全凭仪表安然着陆。那一次，他荣立了三等功。

1996 年初夏时节，翟志刚接到参加航天员初选体检的通知。初次体检合格，他又接到去北京空军总医院参加临床体检的通知。医学临床检查，要对人体的几十个大大小小的器官逐一检查，全部过关并不是那么容易的事。

再接下来，他来到北京航天医学工程研究所，参加"特检"，也就是航天生理功能检查，这次

翟志刚

检查更加苛刻。几个月下来，1000 多名初选入围者已所剩无几。翟志刚顺利地闯过一关又一关。他的临床医学和航天生理功能各项检查的指标都达到优秀标准，令评选委员会全体专家信服。

从飞行员到航天员，不只是名称的改变，许多知识和技能都要重

新开始学起。光是基础理论训练，就有十几门课程。翟志刚回忆说："我当飞行员已飞过了 1000 小时，基本上可以吃老本了。到这儿后，天天要像准备高考的学生似的趴在桌上读书，学的东西还都很枯燥，听起来很吃力，开始确实不适应。初来时的两年，晚上 12 点前没睡过觉。"

1998 年 1 月，经过长时间的航天员训练，翟志刚以优异的成绩通过航天员专业技术综合考核，正式成为我国第一批航天员。

翟志刚曾先后两次入选"神舟五号"飞船、"神舟六号"飞船航天员梯队，但可惜的是两次均与"飞天"失之交臂。

2003 年，"神舟五号"飞船"飞天"之前，翟志刚和杨利伟、聂海胜三人同时成为"神舟五号"飞船的备选航天员。最后杨利伟被确定为"神舟五号"飞船航天员，翟志刚和聂海胜陪同即将出征的杨利伟在媒体前亮相，进行出征前的汇报。作为备选航天员，他们一直将杨利伟送到"神舟五号"飞船舱口。当所有镜头灯光都对准正选航天员杨利伟的时候，他们一直微笑着向人群挥手。

翟志刚回忆起当时的感受："当时为杨利伟捏一把汗，并没有想'他上了，我没能上'。"

2005 年 6 月，翟志刚入选"神舟六号"航天载人飞行乘组梯队成员，在"神舟六号"飞船发射前再次成为热门人选。同样可惜的是，他再次与"飞天"失之交臂。有记者问他，距离那么近，却没有得到，会不会觉得惋惜？他说："就是因为太近了，所以跟着一样光荣。"

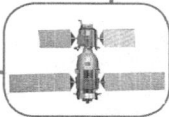

因为这种强烈的荣誉感，翟志刚一直都在努力，等待着下一个飞天梦想的实现。他曾这样表白："如果'神七'还是擦肩而过，我还是要继续努力。"

2008 年 6 月，翟志刚终于如愿以偿，成功地加入正选"神舟七号"载人飞行乘组。

2008 年 9 月 27 日 16 时 43 分 24 秒，"神舟七号"01 号航天员

翟志刚

翟志刚开始出舱。16 时 45 分 17 秒，翟志刚在太空迈出第一步。16 时 59 分，结束太空行走，返回轨道舱。9 月 28 日，乘"神舟七号"飞船成功返回地球。翟志刚成为中华民族太空漫步的第一人。

翟志刚

2008 年 11 月 7 日上午 10 点，庆祝"神舟七号"载人航天飞行圆满成功大会在人民大会堂召开。翟志刚被授予"航天英雄"称号，中共中央总书记胡锦涛为翟志刚颁发"航天功勋奖章"和证书。

## 刘伯明——自行车骑出航天路

刘伯明，男，汉族，身高 168 厘米，黑龙江齐齐哈尔市依安县人，中共党员，大学文化、双学士。

1966 年农历九月十六日，依安县红星乡东升村一户普通农民家中，一个男婴呱呱坠地，父亲刘志生为他起名刘伯明。

刘伯明

刘伯明家中兄妹 6 人，他排行老二。1983 年，刘伯明考到依安一中读高中时，家里要同时负担 5 个孩子读书，以务农为生的父亲已经深感吃力。

刘伯明知道家里困难，决定不像其他同学那样住校，而是走读。父亲花 100 多块钱给他买了一辆二手自行车，供他上下学往返骑行。

学校离家近 10 千米，全是坑洼土路。好天气时走路都吃力，遇到下雨天就变成黑泥水路，连下脚都难。冬天路面结冰，非常滑。高中三年，刘伯明每天三四点钟起床，走的时候天还没亮，回到家的时候天又已经黑了，两头见不到太阳。家里人看着心疼，但是没办法，因为当时只有这个条件。

刘伯明高三时的班主任张福林老师说，冬天的依安可劲儿冷，即

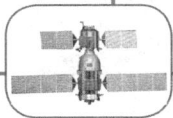

使不下雪，刘伯明骑到学校时也是脸上、脖子上、身上挂满了白霜，衣服都是湿的，被同学们戏称为"小雪人"。但是无论雨多猛、雪多大，他从未迟到或早退过。

虽然每天骑车往返10千米很辛苦，但是刘伯明在高中三年从未生过病，连感冒都没有过。刘伯明锻炼了强壮的体魄和坚强的意志，为他日后成为飞行员、航天员奠定了坚实的基础。

1985年，空军在依安县招飞行员，严格的身体素质标准使很多报名者在第一关就被淘汰了，而拥有良好身体素质的刘伯明则轻松过关了。

前往长春飞行学院学习的前一天，父母和老师都去车站为刘伯明送行。张福林老师对他说："努力，只要你按照念高中时的坚强继续努力下去，以后不会错

刘伯明

的。进步了就给我写信，落后了就别写了。"后来，每当取得进步，刘伯明都会给他尊敬的老师写一封信。张福林老师回忆说，刘伯明的信通常挺长，信中他提到过训练艰苦，但是每次都会接一句："训练时很苦，但是我能吃这个苦，请老师您相信我。"刘伯明刚到部队时，每天早晨要跑1万米锻炼身体。他曾说过，有时候中途真的不想再跑了，但还是咬牙坚持了下来。后来养成了习惯，如果哪天不跑万米，

还觉得不习惯。

从长春飞行学院到牡丹江初教机场，再到锦州飞行大队，刘伯明一直表现相当出色。1991 年，他开始单飞，并独立驾驶歼八，安全飞行 1050 小时，是空军一级飞行员。

刘伯明

1998 年 1 月，刘伯明经过层层选拔，正式成为我国首批航天员。

在北京航天城的航天训练是艰苦的。坐在高空旋转椅上，疾转 100 多圈后，下来还要辨别方向；有几天要 24 小时头朝下躺在 30 度角倾斜的床上。

2005 年 6 月，刘伯明入选"神舟六号"载人航天飞行乘组梯队成员。

2008 年 6 月，刘伯明入选"神舟七号"载人飞行乘组；9 月，他乘坐"神舟七号"出征太空。父亲刘志生得知刘伯明带着亿万中国人的梦想，乘坐"神舟七号"飞向太空的消息后非常激动，他说："没有白努力，儿子是好样的！"

"神舟七号"飞船在太空飞行期间，三位航天员与家人进行了天地通话。刘伯明还向镜头展示了一张字条。上面写着"俯瞰家园，同一个地球村；横望日月，同一个太空城；三马飞天，齐祝愿；天地连线，一家人。"

"神舟七号"飞船顺利着陆，刘伯明出舱后发表讲话："我们刚才进行了重力返回再适应，并进行医监医保检测，身体状况都正常，相信中国航天员是最棒的，请祖国人民放心，感谢祖国人民。"

2008年11月7日上午10点，庆祝"神舟七号"载人航天飞行圆满成功大会在人民大会堂召开。中共中央、国务院、中央军委授予刘伯明同志"英雄航天员"称号。中共中央总书记胡锦涛亲自为刘伯明颁发"航天功勋"奖章和证书。

中共中央、国务院、中央军委授予刘伯明等三人"英雄航天员"称号

## 景海鹏——我要当飞行员

景海鹏，身高172厘米，山西运城人，中共党员，大学文化、双学士。景海鹏在1966年10月出生，1985年6月入伍，1987年9月入党，现为中国人民解放军航天员大队二级航天员，副师职，上校军衔。

景海鹏在家里兄妹三人中是老大。他性格内向，不太爱说话，但从小喜欢体育，尤其喜欢打篮球。因为个子不高，老师说他不能当主力。景海鹏是个不服输的人，还是找一切机会上场。结果，这个从开始坐冷板凳的小伙子，无论在中学，还是以后在部队，他都是篮球主力队员。直到现在，他仍然是航天员中的篮球"钢铁前锋"。

神舟家族史及未来展望

景海鹏

读高中时的一天，景海鹏代表所在的安邑中学去运城中学参加篮球比赛。在运城中学宣传栏里，他第一次看到了飞行员的照片。

这似乎是命中注定的相遇，景海鹏的眼睛几乎不能从照片上挪开。回到家中，他兴奋地向父亲比划着，飞行员的头盔是这样的，护镜是那样的。景海鹏说，自己真的非常喜欢飞行员的服装，看起来很威武。他说："我要当飞行员。"

1984 年，空军在运城招考飞行员，景海鹏报了名。但是由于身体原因，他落选了。当时是因为学习时间太长、劳累过度，他的眼睛里有些血丝，所以没有验上。这次落选对景海鹏无疑是个巨大的打击。他当时连门都不肯出，说"没脸见人"。然而，更大的打击来了——父亲打算让他退学。

后来村里人劝景海鹏的父亲让儿子再读一年，并让景海鹏在父母面前表态。景海鹏说："如果再考不上飞行员，我就不活了。"就这样，景海鹏转入解州中学补习。转入解州中学之后，景海鹏学习更加用功。最早进入教室的是他，最晚离开教室的还是他，而且两三个星期都不回家。同时，他也特别注意了身体。终于，他成功考取了河北保定航校。

景海鹏曾任空军航空兵某师某团领航主任，飞过"歼六"等机

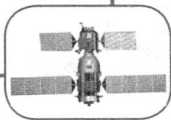

型，安全飞行 1200 小时，为空军一级飞行员。

景海鹏在 1998 年 1 月正式成为我国首批航天员。2005 年 6 月，入选"神舟六号"载人航天飞行乘组梯队成员，但最终与"神舟六号"飞天擦肩而过。

景海鹏

"神舟六号"载人飞行圆满成功之后，景海鹏暗下决心，从第二个星期就开始全力备战"神舟七号"。三年中，景海鹏从未在晚上 12 点之前休息。近两年，他的时间表上更是已经几乎没有星期天。他一直在刻苦训练，全力准备着。

景海鹏

2008 年 6 月，景海鹏如愿入选"神舟七号"载人飞行乘组。2008 年 9 月，他随"神舟七号"出征太空。"神舟七号"飞船顺利着陆后，景海鹏出舱后发表讲话："三天来，在茫茫太空我感受祖国和亲人的牵挂，现在我们平安回家了，感谢祖国，感谢全国各族人民的关爱。"

神舟家族史及未来展望

景海鹏

颁发"航天功勋"奖章和证书。

2008 年 11 月 7 日上午 10 点，庆祝"神舟七号"载人航天飞行圆满成功大会在人民大会堂召开。中共中央、国务院、中央军委授予景海鹏同志"英雄航天员"称号。中共中央总书记胡锦涛亲自为景海鹏

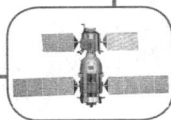

# "神七"知识大搜索

## 航天员在太空到底怎么走?

航天员出舱的大概过程是这样的:

首先要对航天服和舱载设备进行气密性检查,保证航天服和设备的功能正常。然后进行氧气浓度控制,用氧气把航天服充满,航天员吸氧排氮。这是因为在太空里,航天服提供的气压和舱内的气压是不一样的,必须把氮气排出去,让衣服内充满纯氧。之后气闸舱减压,让压力和太空一样,避免航天员出舱时骤然受到压力冲击。

舱外的活动过程持续 20 多分钟,其间航天员要进行科学试验,进行太空行走,然后返回。

航天员返回气闸舱,关闭气闸舱,调节压力到跟轨道舱相同的程度,然后回到轨道舱。

太空中没有左右之分,航天员在太空中是飘在真空里的。气闸舱外壁有扶手,航天员身上有保险绳,航天员是沿着舱壁行走,相对舱壁来说是匍匐状态。

## 航天员在太空吃什么

"神舟七号"飞船的航天员在太空的主食主要是米饭,以中餐为

主。中国航天员带到太空中的食物味道很不错，并且品种多，还可以吃到月饼和冰激凌。我们现在有一个膳食营养素供给量这么一个标准。出舱的航天员需要的能量是不一样的，但我们是就高不就低，就是按摄取量最大的那个人来配置用餐。饮食也是一天三餐制度，时间也是相对固定的，基本上不占用工作时间。

航天员喝的基本是纯净水，都是航天员科研训练中心自行生产的。航天员用的水还要进行专门的消毒。航天员可饮用的有茶、可可、咖啡、橙汁、苹果汁、樱桃水、葡萄汁、葡萄柚汁和各种果汁混合饮料，但是不能喝啤酒。酒本身含有酒精，啤酒有"气"，易打嗝，在失重状态下不宜饮用酒，因为在太空一打嗝，人就可能移动。

"神舟五号"飞船的航天员没有吃过热食，而在"神舟六号"飞船上基本实现了在太空就餐。"神舟六号"航天员就餐时，将食品放在具有磁性吸附作用的餐盘中，使用刀叉进餐。航天员喝水实际上不是喝，而是将水射到嘴里。饮水时，航天员通过一根铅笔一般粗细的吸管将嘴与饮料容器联结起来，通过气泵施加一定的压力，这样饮料就可以源源不断地射进航天员的嘴里。

为了防止水滴落在船舱内的精密仪器上，航天员吃东西必须闭着嘴巴咀嚼，喝水时同样要谨慎。

在航天员飞行前三天的食谱中，蔬菜类竟"不受欢迎"，取而代之的，主要是一些高蛋白质的食物。据专家解释，这是因为蔬菜会导致残渣遗留，而且大豆类的某些食品还会导致体内产生气体比较多。

在飞行前的一天，执行任务的航天员还会进行清肠处理，主要是

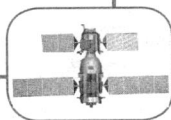

减少在太空中的肠道感染和排便的几率。

太空食品要耐得住震动，不能在发射时一震就给震碎了；另外，要适宜于长期储存，因为有的需要在太空中放很长时间。

## 航天员出舱穿什么

在"神舟七号"飞船发射任务中，国产第一代舱外航天服"飞天"首次亮相。

我国的舱外航天服自上而下依次由头盔、上肢、躯干、下肢、压力手套、靴子组成；从内而外分为六层，分别为：由特殊防静电处理过的棉布织成的舒适层、橡胶质地的备份气密层、复合关节结构组成的主气密层、涤纶面料的限制层、通过热反射来实现隔热的隔热层以及最外面的外防护层。

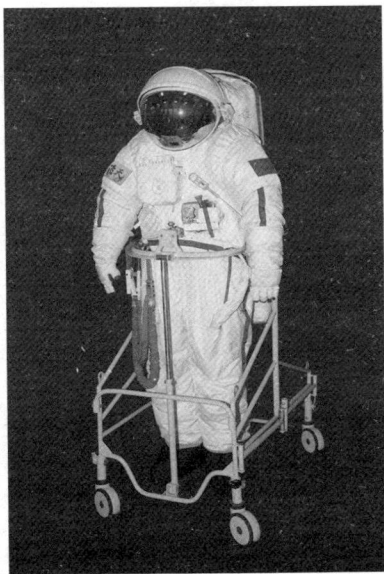

舱外服跟舱内服完全不一样。舱内服只保证压力，但舱外

舱外航天服

服却要发挥各种作用，因为在太空中的活动，航天员都要穿着舱外服去实现。可以说，舱外服就是一个穿在身上的小型飞船。

　　舱外服为航天员提供三方面的保障：一是对辐射、真空、微流尘等环境的防护；二是生命保障，也就是要保持一个适合人生存的气体、温度和湿度的环境；三是良好的功效保障，保证航天员穿着舱外服能开展维修器材等太空作业。舱外服必须足够复杂、具有一定的强度，才能实现以上这些功能。

　　"飞天"舱外航天服是我国第三次载人航天飞行中难度最大的一项技术，它的整体设计和各部件的设计、组装都是中国人自己完成的。就完成目前任务的能力而言，已经接近国际水平。

　　同时，这套舱外服有自己独有的特点。在关节上，科研人员巧妙地利用了仿生结构，使关节活动更加自如。在电控系统上，中国舱外服全部采用数字信号处理，显示屏则采用了国际上最先进的 OLED 技术，使显示器更大、更薄、更省电、更能耐受高低温、显示色彩更艳丽，因而更加便于航天员查看。

# 第六章　"神舟"飞船的未来
## ——新的征程

## "神舟"腾飞再问天

"神舟七号"飞船载有三名航天员一起上天，那么接下来"神舟"飞船系列将有怎样的规划呢？据专家介绍，接下来的"神舟八号"与"神舟九号"飞船将不再有航天员上天；而之后的"神舟十号"飞船则将再次载有航天员上天。而且，未来的"神舟"飞船系列仍将由"长征二号 F"火箭发射。

"神舟八号"飞船将发射目标飞行器，"神舟九号"飞船则将实现无人对接。在"神舟十号"飞船发射时，将有航天员跟随上天，这是为了实现有人对接。

"神舟七号"飞船到"神舟十号"飞船的发射试验都是为了在太空建设空间站服务的。如果"神舟八号"飞船能顺利升空，那"神舟九号"与"神舟十号"飞船就不用再等两年了，甚至有可能一个多月就能上天了。

为了将来在太空建立空间站，我国现在正在研制大推力火箭。大推力火箭与现在的火箭相比，主要是采用了液氢液氧和液氧煤油两个

发动机，加大推动能力。

根据国民经济发展的需要，我国现在研制大推力火箭十分必要。如果国家立项，研究人员将在 6 年半的时间里成功实现基本型的首次飞行。届时，我国运载火箭的低轨道运载能力将达到 25 吨，而目前我国运载火箭的运载能力多为 8 吨。

大推力火箭已被列入了"十一五"规划，据预计，不久的将来将会对新一代火箭立项。

在设计新一代运载火箭的部分技术和单项技术上，我国已经达到了国际先进水平，而有些技术与发达国家的水平还有一定差距；这需要发挥系统集成的优势；通过系统集成，会在整体能力上基本具备国际一流水平。现在不少火箭的燃料还是有毒的，但新一代运载火箭利用液氢液氧和液氢煤油作为燃料，就比较环保，因为这些燃料燃烧后的产生物是水。

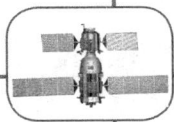

# 欲上九天揽月

人类至今已经发射了 5000 多个航天器，中国发射的占了 1% 左右，其中包括气象、通讯、资源卫星等，涉及社会的各个方面。航天事业的投资效益比为 1:10，发展航天事业，有力地推动了相关产业的发展。

中国的"神一"到"神四"没有载人进入太空，"神舟五号"飞船、"神舟六号"飞船虽然离开了地球这个"家园"，但是与地球的距离不是很远，也算不上奔赴茫茫的宇宙深空。而作为地球唯一的天然卫星，距离地球最近的天体（虽然这一距离远在 40 万千米之外）月球，自然成为人类地球进行深空探测的首选目标。

在漫漫的历史长河中，人类曾经只能靠肉眼观测月球，直到 16 世纪望远镜发明以后，人类才发现月球上有环形山。人类真正对月球有所了解，是在上世纪 50 年代以后。1959 年至 1976 年，美国和前苏联成功地发射了 45 个针对月球的各种探测器，取得了很大成绩。前苏联的"月球号"拍摄了月球另一面的照片，把月球的整个面貌展现在世人面前。

阿姆斯特朗

1969 年，美国"阿波罗Ⅱ号"宇航员阿姆斯特朗实现了人类登上月球的伟大壮举，运回 382 千克的月球样品，并把人类的脚印深深印在了月面上。

由于耗资太大、效率太低、探测水平不高、世界政治格局变化等原因，1976 年以后，月球探测沉寂了近 18 年。

1984 年，联合国通过了《指导各国在月球和其他天体上活动的协定》（简称《月球条约》），规定月球及其自然资源是人类共同财产，任何国家、团体和个人不得据为己有。这就更加明确：月球的探测、开发与利用是没有政治边界的，谁先到达，谁先占有；谁先开发，谁先利用。这让"重返月球"立即成为大势所趋。

阿姆斯特朗

经过总结和反思，1986 年，美国航空航天局提出了"又快、又好、又省"的空间探测战略。1989 年，美国总统老布什宣布美国要重返月球。1994 年，美国发射了无论在技术上还是在科学研究上都具有更高水平的"克莱门汀号"环月探测器，不但开始了全月面元素分布与含量的探测，并意外发现了在月球南极区有水存在的信息，从而掀起了新一轮的探月高潮。随着空间应用需求的日益加大，载人航天等主要空间技术的不断成熟以及空间军事活动的需要，月球已经成为各国 21 世纪深空探测的首要

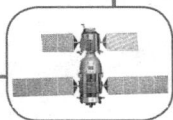

目标。

全世界现在对于月球探测的竞争已经到了白热化的程度。中国如果无动于衷的话就会在竞争中落后、丧失发言权。美国"重返月球"最早也要到 2015 年，欧洲航空局则计划在 2020 年实施载人登月。可以想像，月亮上的竞争必将更加激烈。

从 1963 年开始，我国科学家就一直在跟踪分析世界上深空探测的走向，最近十年间提交了更多的论证材料。中国月球探测计划"嫦娥一号"工程的第一期绕月工程计划，国家已经正式立项。

2007 年 10 月 24 日，"嫦娥一号"月球探测卫星在西昌卫星发射中心由"长征三号甲"运载火箭发射升空。运行在距月球表面 200 千米的圆形极轨道上执行科学探测任务。"嫦娥一号"月球探测卫星是我国发射的第一颗绕月卫星，计划在轨道中对月球进行一年的探测。

"嫦娥一号"卫星在轨运行一年，完成了工程各项目标和科学探测任务，这标志着中国探月工程一期取得圆满成功！其后，还应用"嫦娥一号"卫星开展了一系列验证试验。2009 年 3 月 1 日 16 时 13 分 10 秒，"嫦娥一号"卫星在北京航天飞行控制中心科技人员的精确控制下，准确受控撞击在月球东经 52.36 度、南纬 1.50 度的月球丰富海区域，为我国探月一期工程画上圆满的句号。工程的圆满成功，实现了领导小组提出的"出成果、出经验、出模式、出人才"的目标。

中国月球探测工程"嫦娥一号"月球探测卫星由中国空间技术研究院承担研制。"嫦娥一号"卫星主要用于获取月球表面三维影像、分析月球表面有关物质元素的分布特点、探测月壤厚度、探测地月空

间环境等。整个"奔月"过程大概需要 8～9 天。"嫦娥一号"在距月球表面 200 千米的圆形极轨道上运行。随着"嫦娥一号"发射成功，中国成为世界第五个发射月球探测器的国家。

"嫦娥一号"是中国的首颗绕月人造卫星。"嫦娥一号"平台以中国已成熟的"东方红三号卫星"平台为基础，充分继承"中国资源二号卫星"、"中巴地球资源卫星"等现有的成熟技术和产品，进行了适应性

嫦娥一号

改造。卫星平台利用"东方红三号卫星"平台技术研制，对结构、推进、电源、测控和数传等 8 个分系统分别进行了适应性修改。"嫦娥一号"卫星星体为一个 2 米×1.72 米×2.2 米的长方体，两侧各有一个太阳能电池帆板，完全展开后最大跨度可达 18.1 米，重 2350 千克。有效载荷包括 CCD 立体相机、成像光谱仪、太阳宇宙射线监测器和低能粒子探测器等科学探测仪器。

"嫦娥一号"探月卫星的成功发射为我国未来实现载人登月奠定了基础，为我国航天事业掀开了新的一页。

国防科工局宣布：对"嫦娥一号"备份星进行技术改进而成的"嫦娥二号"将作为中国探月工程二期先导星，用于试验验证五方面的关键技术，将于 2011 年年底前完成发射。

据探月工程领导小组有关专家证实，2008 年初，国务院正式批准

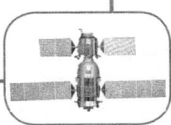

探月工程二期立项。

嫦娥一号

目前，月球探测二期工程已经启动。探月二期工程将要实现月球软着陆，技术跨越大，工程风险大。为确保二期工程成功，我国对一期工程的备份星进行技术改进，作为二期工程的先导星，命名为嫦娥二号，主要任务是先期试验验证部分新技术和新设备，降低工程风险，深化月球科学探测。

在科学技术方面，二期工程将实现四个第一：要研制并发射我国第一个地外天体着陆探测器和巡视探测器，第一次利用"长征三号乙"运载火箭发射地月转移轨道航天器，第一次建立和使用深空测控网进行测控通信，第一次实现月球软着陆、月面巡视、月夜生存等重大突破，开展月表地形地貌与地质构造、矿物组成和化学成分、月球内部结构、地月空间与月表环境等探测活动，建成基本配套的月球探

测工程系统。

　　"月球村"曾是众多科幻小说中让人向往的地方。在未来 15 年至 20 年内，中国有在月球建设基地的打算，但登月并不会建造月球村，因为大量的移民不太可能，而且在月球上，出了供氧的村子就要穿上厚厚的宇航服，这让建设月球村更加不现实。当然，这只是现在的认识，更远的将来是不是这样还很难说。

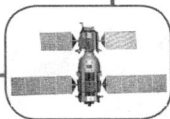

# 相关链接——从地球到月球

对于月球，人类的向往由来已久。被誉为"科学幻想小说之父"的儒勒·凡尔纳就写过一本《从地球到月球》的小说。该书情节比较简单：

美国南北战争结束后，巴尔的摩城大炮俱乐部（这是大炮发明家的俱乐部）主席巴比康提议向月球发射一颗炮弹，建立地球与月球之间的联系。法国冒险家米歇尔·阿尔当获悉这一消息后建议造一颗空心炮弹，他准备乘这颗炮弹到月球去探险。巴比康、米歇尔·阿尔当和尼却尔船长克服了种种困难，终于在 12 月 1 日乘这颗炮弹出发了。但是他们没有到达目的地，炮弹并没有在月球上着陆，却在离月球 2800 英里的地方绕月运行。

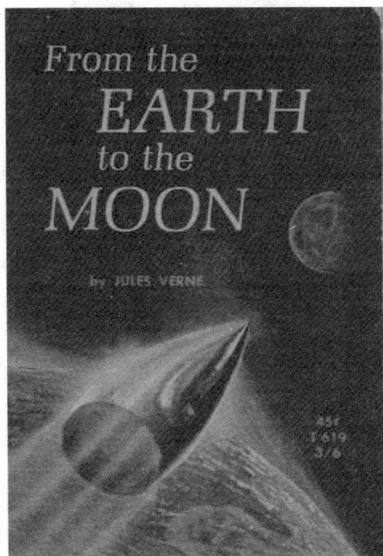

《从地球到月球》

这个炮弹的外部是直径 9 英尺，高 12 英尺。为了不超过规定的重量，他们把弹壁做得稍微薄一些，同时却把炮弹底做得特别厚，因为它要承受低氮硝化纤维素燃烧时产生的气体的全部压力。其实，炸弹

和锥形圆柱体的榴弹也是这样，底部比较厚。

这个金属塔的出入口是在圆锥形部分上开的一个小洞，跟蒸气锅炉上的那些洞口一样大小。洞门是铝板做的，关上洞门，再拧紧结实的翼形螺钉，小洞就被严丝合缝地堵起来了。

《从地球到月球》书中的插图

但是，单单到月球那儿去是不够的，路上也应该看看呀。没有比这更容易的了。原来在皮垫子下面有四个舷窗，舷窗上装着非常厚的凸透镜，两个在炮弹周围，第三个在弹底，第四个在尖顶。透过舷窗，旅客们一路上可以同时观察已经离开了的地球、越来越近的月亮和挂满了繁星的天空。不过舷窗外面嵌着结实的金属护窗板，免得受到出发时的撞击。而只消拧下里面的螺丝帽就很容易地把金属板扔掉了，这样炮弹里的空气就不会漏出去，旅客们也可以进行观察了。

《从地球到月球》的续集《环游月球》的情节是继续发展的：

巨大无比的天文望远镜在美国洛基山上傲然竖立起来，世界各地的每一架望远镜都瞄准了天空。终于，在解决了一系列技术问题，攻克了一道道科学难关之后，12 月 1 日，在这个天文学上十八年一遇的好日子里，哥伦比亚大炮一声怒吼，一枚重达两万磅的"炮弹车厢"

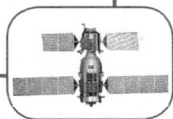

载着巴比康、米歇尔和尼切尔，以一万两千码的初速飞向月球。经历了四天的行程后，炮弹能否如期抵达月球？巴比康他们受到了月球人的热烈欢迎还是军事抵抗呢？全球的人，尤其是留在地面上的马斯顿焦急万分。他以洛基山为家，始终倚在天文望远镜旁，日夜望着月面，可结果却令人大失所望：原来由于受到一颗流星的影响，炮弹的飞行轨道发生了些许偏差，最终没能成功登月，而是像其他小星体一样，进入环绕月球的轨道并一直绕行下去。炮弹上的三位乘客难道就这样在太空中无休止地运行，直到世界末日为止？在完成了一次环月旅行之后，三位游客试图利用火箭再度登月，但最终遗憾地掉回了地球。

这两部小说的内容前后呼应，构成一个完整的故事。《从地球到月球》讲的是试验的由来和从地球到月球之旅的准备工作以及大炮的发射；《环游月球》讲的是"炮弹车厢"在发射之后在太空中的种种历险。这两部小说生动幽默、妙语横生，情节奇幻又惊险，书中充满了凡尔纳的科学设想。这些设想在以后又几乎一一得以验证和实现。

《从地球到月球》书中的插图

他在宇宙飞船发明之前就想到了"炮弹车厢"，借用书中人物米歇尔的说法"搭乘炮弹去月球旅行只是件水到渠成、简易不过的小事而已。这种旅行是迟早会发生的事，至于采用怎样的交通方式，当然

要根据人类进步的规律。"今天，去太空旅行还是极个别科学家和富翁的特权。也许有那么一天，各家旅行社会真的推出"太空几日游"，并标明"炮弹车往返"呢！到时，我们或我们的后代也会像巴比康他们那样观赏到美妙的太空景象。

现在我们发射的飞船上的返回舱和凡尔纳在 19 世纪所设想的十分相似！应用至少经过充分研究的科学背景，是凡尔纳有别于其他早期科幻小说作家的重要特点。凡尔纳的特殊贡献，就在于他喜欢作准确的科学叙述，而这样的叙述是科幻作家玛丽·雪莱或爱伦·坡和纳撒尼尔·霍桑的作品中所缺少的。凡尔纳的小说，情节不一定十分有趣，但他的科学想像却总是引人入胜。

不太讲究文学色彩、完全靠科学叙述取胜的科幻小说家，在凡尔纳之后，还有一位是俄国的科学家齐奥尔科夫斯基。他在预言人类征服太空方面大胆构思，以燃料为动力的火箭成为宇航的工具，比凡尔纳用哥伦比亚大炮发射弹壳飞船有了进一步的可行性。凡尔纳向 19 世纪的读者展示了一个"科学奇迹"成为现实的理想世界；而在 20 世纪和 21 世纪，他的一些科学幻想真的成了现实。